EINSTEIN'S SHADOW

A Black Hole, a Band of Astronomers, and the Quest to See the Unseeable

Seth Fletcher

アインシュタインの影

ブラックホール撮影成功までの記録

セス・フレッチャー◎著

渡部潤一◎日本語版監修　沢田 博◎訳

三省堂

EINSTEIN'S SHADOW
By Seth Fletcher

※本書は上記のテキストに、著者自身による加筆修正したものを底本としている。

大扉写真：楕円銀河M87の可視光写真（Credit:ESO）
目次・第一部～第四部扉写真（Credit: EHT Collaboration）

いま無意味と思えるものが、一夜にして真実と証明されることはないものだ。

――アルフレッド・ノース・ホワイトヘッド（20世紀イギリスの数学・哲学者）

EINSTEIN'S SHADOW

A Black Hole, a Band of Astronomers, and the Quest to See the Unseeable

Seth Fletcher

CONTENTS

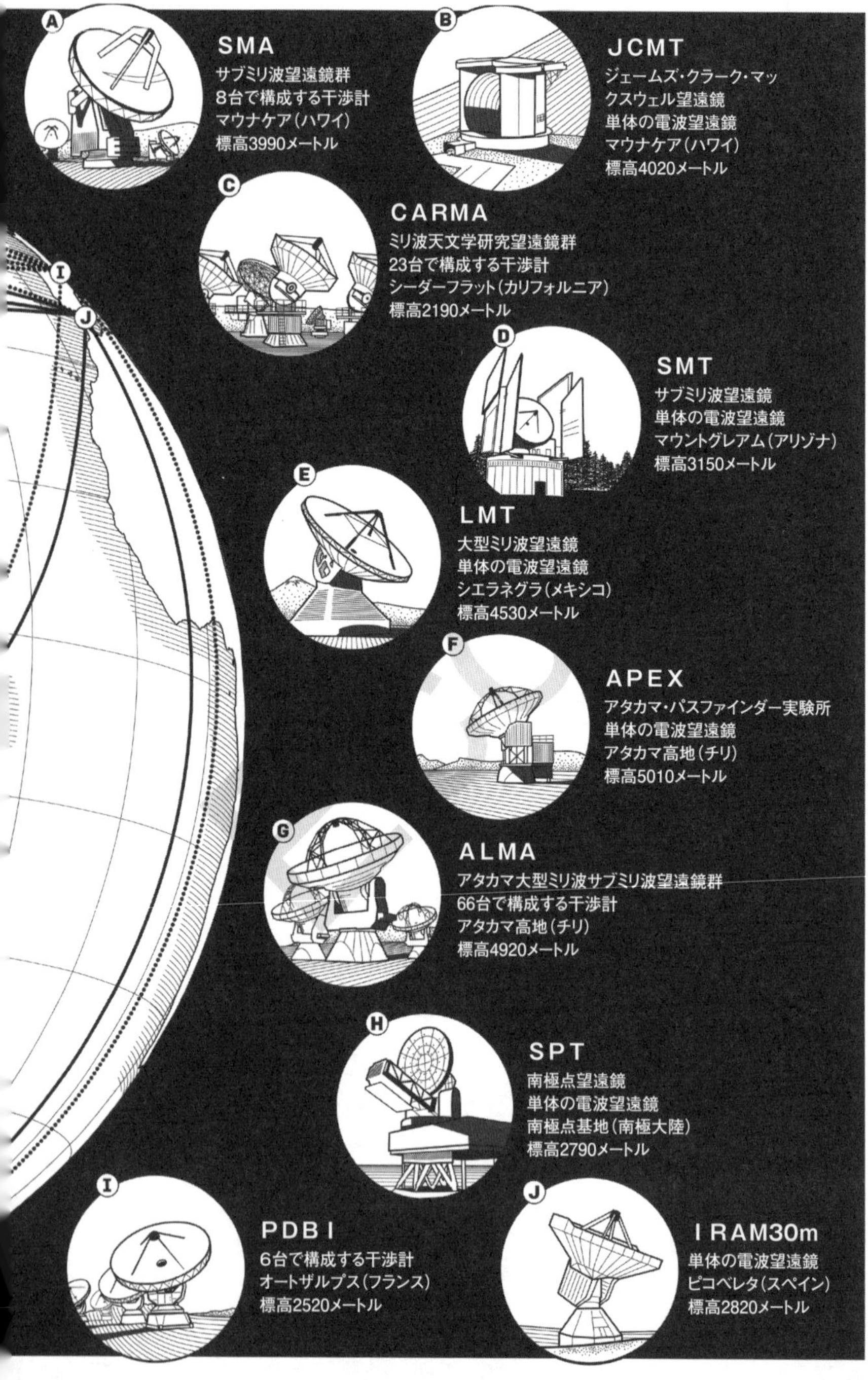
A
SMA
サブミリ波望遠鏡群
8台で構成する干渉計
マウナケア（ハワイ）
標高3990メートル
B
JCMT
ジェームズ・クラーク・マックスウェル望遠鏡
単体の電波望遠鏡
マウナケア（ハワイ）
標高4020メートル
C
CARMA
ミリ波天文学研究望遠鏡群
23台で構成する干渉計
シーダーフラット（カリフォルニア）
標高2190メートル
D
SMT
サブミリ波望遠鏡
単体の電波望遠鏡
マウントグレアム（アリゾナ）
標高3150メートル
E
LMT
大型ミリ波望遠鏡
単体の電波望遠鏡
シエラネグラ（メキシコ）
標高4530メートル
F
APEX
アタカマ・パスファインダー実験所
単体の電波望遠鏡
アタカマ高地（チリ）
標高5010メートル
G
ALMA
アタカマ大型ミリ波サブミリ波望遠鏡群
66台で構成する干渉計
アタカマ高地（チリ）
標高4920メートル
H
SPT
南極点望遠鏡
単体の電波望遠鏡
南極点基地（南極大陸）
標高2790メートル
I
PDBI
6台で構成する干渉計
オートザルプス（フランス）
標高2520メートル
J
IRAM30m
単体の電波望遠鏡
ピコベレタ（スペイン）
標高2820メートル

事象の地平望遠鏡（ＥＨＴ）に参加する観測所

はじめに

私たちの住む地球は天の川銀河の中心から2万6000光年ほど離れている。宇宙規模で見れば四捨五入で切り捨てられるくらいの距離だが、実感としては遠い。いま地球に到達した光が銀河の中心から放たれたころ、人類はまだベーリング地峡（当時は海峡ではなく地続きだった）を越えるのに悪戦苦闘していた。

どんなに遠くても、銀河の中心の正確な地図を描きたいという私たちの夢は届く。もしも中心を目指して地球を光速で飛び立てば、だいたい2万光年で銀河中央の膨らみ（バルジ）に出会う。宇宙誕生の直後にできたような古い星が集まる場所で、ピーナツの形をしている。さらに何千光年か進むといて座のB2がある。私たちの太陽系の1000倍ほどはある星雲で、そこにはシリコンやアンモニア、シアン化水素、ラズベリーみたいな香りのギ酸エチル、そして誰にも飲み干せない量のアルコールが満ちている。さらに390光年ほど行けば恐怖の内部領域に入る。銀河の中心まではあと3光年ほどだが、そこではコズミック・フィラメントと呼ばれる雷光が空を引き裂き、遠い昔に爆発した星の名残りのガスが漂い、中心へと吸い込まれていくガス流が不気味に輝く。重力は巨大な渦潮のように何でも呑み込む。われらが太陽よりもはるかに巨大な星が猛スピードで飛び交う。空間には放射線が満ち、原子は引き裂かれてもっと小さな粒子の霧となる。さらに近づくと、この霧が光り輝く超特大の円盤と化して、ほとんど光と同じ速さで飛びまわっている。その中心にある真っ暗な領域こそ巨大ブラックホール、われらが銀河の中心にある不動の点だ。これを「いて座A*」と呼ぶ（*は「スター」と読む）。

天の川銀河にあるすべての物体はいて座A*を中心とする軌道上を回っている。いて座A*、つまり巨大ブラックホールの大きさは、火星が太陽を周回する軌道くらい。そして太陽は、およそ2億年かけて自らの周回軌道を一周する。どの銀河の中心にも、単一の巨大ブラックホールがあると考えられている。銀河とその中心にあるブラックホールは成長を共にしてきたらしい。成長にはいくつかの段階があり、ブラックホールが何十億年にもわたって猛烈な勢いであらゆる物質を呑み込み、その質量をエネルギーに替えて放出する時期もある。何百億個もの水爆を同時に炸裂させたくらいのエネルギーが、立て続けに放出される。こうした「活動的」な段階の巨大ブラックホールは、地表の大河が大陸を削るように、その放出したエネルギーで宇宙の「地形」を大きく変えていく。静かなときには多くの新星が生まれるだろうが、活動的なときにはすべてを吹き飛ばしてしまうから新たな星も生まれない。ブラックホールが静かになって初めて、星の誕生は可能になる。

こんな巨大ブラックホールがどうしてできたのかは、まだ誰も知らない。見える限りの宇宙の果てに、太陽の何億倍もの質量をもつブラックホールがあることは知られている。今ある姿になったのは、宇宙の誕生からせいぜい十億年後のことだろう。しかしそんな（宇宙の年齢からすれば）短期間でそこまでの質量をもつということは、今の科学では説明できない。ありえないはずのことが、現に起きている。

物理学者のジョン・ホイーラーが半世紀前に「ブラックホール」という語を世に知らしめて以来、人はこの奇妙な物体に魅せられ、あれこれ思いを巡らせてきた。まじめな科学者たちも頭をひねった。私たちはブラックホールの中に暮らしているのか？　ビッグバンは別な宇宙で生まれたブラックホールの裏返しなのか？　ブラックホールに入れば時間をさかのぼれるのか？　あそこへ近づけば地球外生物にお目にかかれるのか？

科学者が自然の最も基本的な法則、あらゆる現象を説明できる単一の理論を発見できるかどうか、その鍵を握るのがブラックホールかもしれない。20世紀には、この世界の仕組みに関する2つの画期的な理論が提出された。一般相対性理論と、量子力学の理論だ。前者は宇宙が絶え間なくひたすら膨張し続けていること、ただし基本的には「各駅停車」であることを示した。つまり、重力のような作用も一瞬にして遠くまで及ぶわけではない。ところが後者の理論によれば、世界は気まぐれで蓋然性に満ちており、各駅停車ではない。つまり、粒子はランダムに生まれては消えるし、遠く離れていても瞬時に作用しあうという。いったいどちらが正しいのか。

実を言えば、一般相対性理論が記述するのはマクロな視点でとらえた宇宙の全体像で、量子力学が扱うのは超ミクロな、原子1つよりも小さな世界。そしてこの2つの理論はブラックホールを巡って最も激しくぶつかる。たとえばいて座A*の質量は太陽の400万倍とされる。つまり、このブラックホールには太陽400万個分の物質が詰め込まれている。ところがアインシュタインの方程式によればブラックホールの中は空っぽであり、そこに落ち込んだすべての物質はブラックホールの中心にあって無限大の密度をもつ一点（特異点）に吸い込まれているはずだ。では特異点では何が起きているのか（そして今ひとつの特異点であるビッグバンでは何が起きていたのか）。これを理解するには、一般相対性理論と量子力学をつなぐ量子重力の理論が必要になる。

この二大理論のどこかにほつれがあれば、両者をつなぐのも簡単かもしれない。だが相対性理論も量子力学の理論も、ありとあらゆる実験による検証に耐えてきた。しかし重力の最も強い場所、すなわちブラックホールの近辺では一般相対性理論の正しさが証明されていない。まだ誰もブラックホールを近くで見ていないからだ。

考えてみれば不思議なことだ。一度も見たことがないのに、科学者たちはブラックホールの存在を信じ、その様子について長年にわたり議論を戦わせてきた。数学的な仮説を立て、ブラックホールでしかありえないと思われる不可視の質量の間接的な観測を重ねてはきたが、まだ直接に見た人はいない。もしも直接に観測できれば、さまざまな仮説の当否を検証する道が開ける。そこで注目されるのがいて座A*だ。それは大きくて、（宇宙標準からすれば）近いところにある。観測し、さまざまな疑問の解を探すには最適だ。たとえば一般相対性理論によれば、いて座A*には特定の形の

「影」があるはずだ。もしも観測された影の形が想定と異なっていれば、この宇宙に関する私たちの理解は大きく変わることになるかもしれない。その場合、アインシュタインの方程式は宇宙の根源的な法則の近似値にすぎなかったことになり、私たちはその知見を活かして根源的な法則を解き明かすことができるかもしれない。運がよければ、故スティーブン・ホーキングの言を借りるなら、それは「人間の理性の究極の勝利となる。神の意図を知ることになるのだから」。

本書は、ブラックホールの写真を撮るという難題に挑んだ天文学者たちの物語だ。彼らはそのプロジェクトを「事象の地平望遠鏡（ＥＨＴ）」と名づけていた。そして最も有望な標的はいて座A*だった。

ほぼ6年にわたる取材を始めたのは２０１２年の2月だった。科学者たちが望遠鏡のテストや観測をするのに立ち会い、彼らの会議やミーティングに加わり、彼らのオフィスに入り浸り、彼らの家に泊まり、面談や電話、電子メールやスカイプで数え切れないほどのインタビューをした。たいていの場合、現場にいたジャーナリストは私だけだ。

取材を始めたころ、ＥＨＴチームは世界各地の電波望遠鏡をつないでいて座A*の撮影に挑む準備を進めていた。絶妙のタイミングだ。天文学には夢があるし、みんな面白い人たちばかり。しかも景色は（なにしろ観測所はメキシコやハワイの山頂にあるのだから）文句なしに最高。しかし私の興奮がこれで一冊書けるという確信に変わったのは、ある天文学者とホテルのバーで語らっていたときのことだ。一週間にわたるカンファレンスが終わり、ＥＨＴに参加する科学者たちが何人かバーに集まっていた。背の高いテーブルを囲んで、なにやら組織図のようなものをにらみ、あれこれ意見を交わしている。やがて彼らがそれぞれの部屋に引き揚げた後、その天文学者が教えてくれた。

「あの諸君が何でもめていたと思う？　意見が割れたんだ、誰がノーベル賞をもらうべきかで」

第一部

ベールと影《シャドウ》

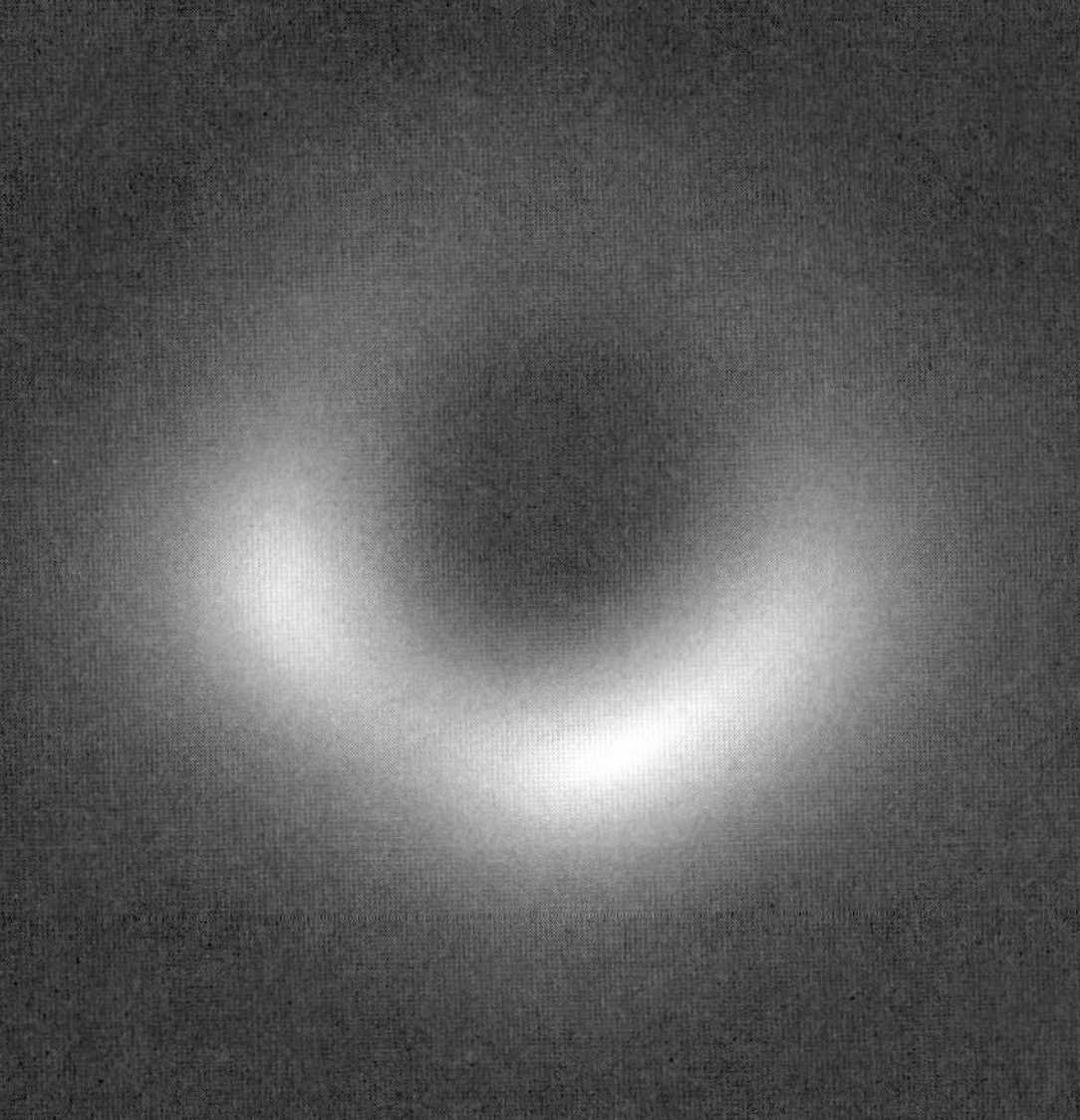

1

1979年2月26日
ワシントン州ゴールデンデール

このプロジェクトにマスコミが目をつけたころには、シェップ・ドールマンも40歳をすぎていた。だから記者たちには、ぼくは小さいころから望遠鏡をいじっていたタイプじゃないという顔をしていた。しかし少年時代に宇宙との出会いがあったのは事実。1979年の2月、寒い朝のことだ。

ワシントン州南部の小高い丘に、およそ1万5000人が集まっていた。アラスカとハワイを除くアメリカ合衆国の諸州で皆既日食を目撃できる機会はめったにない。この日を逃せば次は2017年まで待たねばならない。ドールマン家の面々もキャンピングカーで繰り出し、前夜から現地に泊まっていた。そこは日食観察の最適スポットに指定されていて、丘の上にはゴールデンデール天文台があった。ゴーグルをつけた人もいればボール紙をくり抜いて遮光フィルムを張った即席サングラスの人もいた。ママたちは赤子を胸に抱き、念のために赤子を紙袋でくるんでいた。オレゴン大学の学生チームが音頭を取って、みんなに呼びかける。「エ・ク・リ・プ・ス！　みんな、エクリプス（日食）のスペル知ってるか？」

全国中継のテレビ局のレポーターがカメラに向かって語りかける。こちら現地です、もうすぐ皆既日食が始まります。ただ天気がちょっと心配で……。

あいにく空は黒い雲に覆われていた。

みんなで雲を吹き飛ばそう！　誰かがそう叫ぶと、みんな一斉に頬をふくらませ、空に向かって、フーーーッ。

7時15分ごろ、月が太陽をさえぎり始めた。雲が薄くなり、太陽が顔を出したが、また次の雲が来て隠してしまう。空は気まぐれだが、シェップは遮光フィルム越しにしっかり標的をとらえていた。

欠けゆく太陽が雲のすきまから見えたが、歓声は上がらない。しかし次の瞬間、月が今まさに太陽を完全に覆い隠そうというとき、強い寒気が雲を吹き飛ばした。

月が天空に暗幕を張ったごとく、世界は闇に包まれた。空に黄金のリングが浮かぶ。みんなゴーグルをはずし、ボール紙の即席サングラスを取って、太陽の大気中から噴き上がるプロミネンス（紅炎）に見とれた。月面のでこぼこを這うように太陽の炎が揺れ、丸い暗黒シャドウの縁から光がこぼれていた。

歓声が上がった。はしゃぐ人、キャンドルを灯す人もいたが、ほとんどの人は声も出せずに空を見上げていた。

シェップは当時、少なくとも理屈の上では日食という現象を理解していた。3年も飛び級したから、もう高校2年生。どうして日食が起きるかは教わっていた。しかし第6の封印が開かれたときに黙示録の著者ヨハネが見た光景（「太陽は毛の粗い布地のように暗くなり、月は全体が血のようになって……」）を目の当たりにする心の準備はできていなかった。この神々しい光景は彼の記憶にしっかりと刻まれた。

子どものころから天文マニアだったのですか？　大人になったシェップにマスコミの人がそう聞いたのは、いわばフェイント。本当に聞きたかったのはこうだ。どうしてあなたは、地球サイズの望遠鏡でブラックホールの写真を撮るなんてことに一生を捧げるのですか？　日食を見たのが原因とは言うまい。だがきっかけのひとつではあった。少なくとも、あれが天気をつかさどる気まぐれな神々との最初の出会いだった。あのとき神々の機嫌はよく、彼に空を見せてくれた。この先も機嫌がよいといいな。彼はそう思っていた。

2

別な時代の別な日食のときも、天気の神様は土壇場で機嫌をなおし、アーサー・スタンリー・エディントンなる天文学者に空を見せてくれた。そして歴史の新たなページが開かれた。

1919年の5月29日、エディントンは英国王立天文台の観測隊を率いてアフリカ西部の沖合いにあるプリンシペ島にいた。グリニッジ標準時の午後2時13分に、月が太陽に重なるはずだった。その暗闇のなかでは、太陽の近くにある星（ふだんは太陽が明るすぎて見えない）も見えるはず。そして科学者たちには、そうした星を何としても見たい理由があった。ドイツの物理学者アルベルト・アインシュタインが提唱した斬新な相対性理論を検証するまたとない機会だったからだ。

エディントンがこの大役をまかされたのは、もちろん彼が有能だったからだが、複雑な事情もあった。彼はキリスト教のなかでも徹底した非戦主義を掲げるクェーカーの信者で、イギリスがアインシュタインの祖国と戦っていた時期にも信仰上の理由で兵役を免除されていた。しかし当局からは目をつけられていて、今にも北アイルランドに送られてジャガイモの皮むき作業に駆り出されようとしていた。そこで上司のフランク・ワトソン・ダイソン卿が救いの手を差しのべたのだった。

1917年3月、王立天文台のメンバーは2年後の皆既日食がアインシュタインの空間と時間、そして重力に関する革命的な考え方を検証する絶好の機会であることに気づいた。そのとき太陽は、ヒアデス星団に属する多くの明るい星に囲まれたように見えるはずだ。そしてアインシュタインの理論が正しければ、太陽に最も近い星々からの光は太陽の重力によって曲がる、しかもその角度はニュートン力学で導かれる値の2倍になる。ならば皆既日食の見える場所に観測者を送り、問題の星の写真を撮らせればいい。それでアインシュタイン理論の正否を判定できる。王立天文台は2つの観測隊を派遣することにした。アンドリュー・クロムリンとチャールズ・デビッドソンのチームはブラジル北部の町ソブラルへ。そしてエディントンと時計技師エドウィン・コティンガムのチームはアフリカのプリンシペ島へ。

これだけの遠征になると、当時も今も準備は大変だ。JPEC（合同常設日食観測委員会）との調整や助成金（機器に100ポンド、観測隊に1000ポンド）の申請があり、装置の設営や借用の手続きがあり、さまざまな不確実性への備え（当時は第一次世界大戦が続いていた）が必要だ。そして1918年11月11日に戦闘が終わると、今度は出発準備で大忙しだった。

とにかく長旅である。エディントンの場合は船でリバプールからポルトガル領マデイラ島を経て、さらに海を越えて赤道直下のプリンシペまで。途中のマデイラには1か月ほど滞在した。ユーカリやマグノリアの並木道を散策し、ルーレット遊びをし、ニッパーという名の犬と戯れる日々と言えば優雅に聞こえるが、その間に地元の役人と仲よくなり、機材の通関手続きなどで便宜を図ってもらう必要があった。慣れない外国語をあやつり、現地の人々の習慣を学ぶ必要もあった。そして観測場所に選んだ農園のオーナーに誘われて「サル狩り」に同行するという想定外の冒険も。現地入りしてからは機材の設営やテストに忙殺された。それでも最後の気がかりがあった。当日の天気だ。エディントンの書いた観測隊の公式記録によれば、5月10日から28日までのプリンシペには一滴の雨も降らなかった。そして翌朝は、やはり雨だった。

＊　＊　＊

１９１９年の皆既日食に際してイギリスが天文学者の遠征隊を送り出し、ドイツ人の仮説を検証しようとしたのはなぜか。歴史家に言わせれば、一つにはドイツとの和解のしるしであり、一つにはイギリスの至宝アイザック・ニュートンの理論に対する外国人の挑戦に決着をつけるためであった。しかし実際に観測に携わった人たちはもっと純粋だった。彼らは知りたかった。アインシュタインの仮説は本当に正しいのかを。もしも正しいとすれば、この宇宙は当時の人々の理解を超えた不思議な場所ということになるのだった。

相対性「理論」はともかく、相対性の原理は当時もよく知られていて、異論を唱える人はいなかった。哲学者のバートランド・ラッセルはその原理を実に明解に説明していた。「ある人物が別な人物より2倍も金持ちであるとすれば、この事実は両者の富をポンドで計算しようとドルで計算しようとフランで計算しようと変わらない」。ラッセルは『相対性入門』にそう書いている。

同様なことが、より複雑な形で、物理学の世界でも言える。すべての運動は相対的なものだから、いかなる物体を比較の基準に選んでもよく、すべての運動はその物体との比較で推認できる。あなたが列車に乗っていて、食堂車へ向かっているとしよう。その場合、あなたは列車が止まっているものと見なし、その列車との比較で自分の運動を推認する。しかし列車の旅に思いを馳せるなら、今度は地球が止まっていると見なし、自分は時速60マイル（約１００キロ㍍）で移動していると考える。太陽系を観測する天文学者は太陽が止まっているものと見なし、地球上の自分は自転しつつ太陽を周回していると考える。その運動の速度に比べれば列車の速度は取るに足らない。……どの推認が他の推認よりも正しいかという問いは成り立たない。基準となる物体との関係で見れば、どの推認も完璧に正しい。……そして物理学で考えるのは関係だけだから、何であれ基準とされた物体との比較で運動を記述することによって、物理学の法則はすべて表せなければならない。

この包括的な原理は、少なくとも17世紀には知られていた。地球が自転しつつ太陽のまわりを周回しているなどということは「ありえない」と言い張る人々にガリレオが反論したときのことだ。もしも地球が宇宙を高速で飛びまわっているとしたら、どうして我々はそれを感じないのか？　薄笑いを浮かべてそう問う人々に、ガリレオは１６３２年の『２つの世界観についての対話』で、ある思考実験によって答えている。

港に停泊している船に乗り込み、窓のないキャビンにいるとしよう。そこへ蝶々が迷い込んできた。「船は止まっている。注意深く観察すれば、蝶は等速であちこち飛びまわっていることが分かる」とガリレオは書く。では帆を揚げて動き出したらどうか。船の速度が一定になったところで、改めて蝶々の動きを観察しよう。そのとき蝶たちは「船の速度に負けて船尾方向の壁に押しつけられているだろうか?」。もちろん、そんなことはない。なぜか。「船の運動は船内のすべてのものに対して等価であり、空気に対しても同様」だからだ。これがガリレオの相対性原理。アイザック・ニュートンはこれを太陽系に関する自らの考察に取り込み、こう書いた。「所与の空間に含まれる物体の運動は、その空間が静止していようと等速直線運動をしていようと、相互間では同じである」

この相対性原理は19世紀の半ばまで安泰だったが、そこへスコットランドの物理学者ジェームズ・クラーク・マックスウェルが電磁気の理論を引っさげて登場し、何もない空間を走る光の速度は不変であり、かつ何ものも光より速くは走れないと予言した。それは17世紀後半から世界に君臨してきたニュートン力学への挑戦だった。ニュートン力学によれば、突進する列車の先端から前方に放たれた光の速度は、いつもの光の速度に列車の速度を加えたものになる（いつもの光より速い）はずだ。さあ、どちらが正しいのか。当時としては最高の頭脳がこの難題に挑み、ヘンドリック・ローレンツやアンリ・ポアンカレが一定の答えを出した。しかし根本的な解を見つけたのはアルベルト・アインシュタインだった。

１９０５年の「動く物体の電気力学について」と題する論文で、アインシュタインは新たに相対性原理の2本柱を提唱した。かつてガリレオが言ったとおり、ある慣性系内にある（つまり静止しているか等速直線運動をしている）かぎり、物理学の法則は誰（何）に対しても不変であるとしつつも、ただし（マックスウェルの言うように）光の速度は何があっても不変で一定しているという仮説を立てた。観測者がどんなに速く走ろうと、また光源がどんなに速く走っていようと、光の速度は同じ。何もない空間ならば光は常に秒速30万キロ㍍で突き進む。そして誰も光より速くは走れない。光速は宇宙の制限速度なのだ。

こうした仮定からは、直感では理解しがたい結論が導かれる。光速の99％で飛ぶ宇宙船に乗っていれば、どこかで光に追いつけそうな気がするが、そうはいかない。超高速の宇宙船から見ても光は秒速30万キロ㍍で逃げていく。不変に思えるもの（たとえば距離や時間）も、実は伸縮するからだ。これは私たちの本能では理解できない。距離が縮んだり時間が伸びたりするのを実感できるのは、光速に近い猛スピードで動いているときだけだ。しかし私たちの脳が長い年月をかけて進化したころ、スピードの世界記録を保持していたのは草原を駆けるチーター。それ以上の速さは想像しようもなかった。

しかし、この奇妙な話も世界を「時空」と考えれば納得がいく。それを解き明したのがアインシュタインの師にあたるヘルマン・ミンコフスキーだ。彼は１９０８年の有名な講義でアインシュタインの新説（特殊相対性理論）を幾何学的に説明してみせた。空間と時間は同じではないが切っても切れない関係にある、とミンコフスキーは説いた。「経験から分かるように、場所と時間は常に結びついている。時間なしに場所を観測することはできず、場所なしに時間を観測することもできない」。だから時空は1枚の布に織り込まれた糸のように扱わねばならない。そのためには新しい幾何学が必要だが、そこでは2本の平行線や三角形に関する在来のユークリッド幾何学は通用しない。しかしそういう「ゆがみ」を受け入れれば、時間の伸びや距離の縮みといった相対論的な効果を直感的に把握できる。これが四次元のミンコフスキー時空だ。

そこでは、ある時刻にある場所で起きる事柄は事象（イベント）と呼ばれる。事象の位置は4つの座標で表される。空間を表す3つの座標と、時間を表すもう1つの座標だ。異なる事象の位置関係は距離と時間で決まる。そして相対性理論によれば、2つの事象の間隔は誰がどこから見ても同じで、お互いの相対的な動きとは関係ない。観測者が異なれば時間や長さは違って見えるかもしれないが、それは時間も長さも不変ではないからだ。エディントンは日食観測の4年後に出した著書『空間と時間、そして重力』で、こう説明している。「長さや時間は外界にある何かではない。それは外界にある物事と特定の観測者の関係である」と。

しかしアインシュタインの相対性理論にも落とし穴があった。光の速さは不変で絶対に超えられないと仮定されていたが、重力は光よりも速く、瞬時に宇宙の果てまで届くように思われた。ニュートン力学の世界では、惑星や月の軌道を決めるのは重力という魔法の牽引ビームであり、その力は瞬時に伝わるのだった。この矛盾はアインシュタインを大いに悩ませたが、1907年のある日、ベルン（スイス）の特許事務所で考え事をしていたときに「最高に幸せな」ひらめきがあった。その意義は凡人の頭では理解しがたいが、こういうことだ。「自由落下をしている人は自分の重さを感じないはずだ」

もしも自由落下をしている人が重さを感じないのなら、自由落下の状態と無重力状態は区別できない。そうであれば（とアインシュタインは考えた）逆もまた真であるはずで、加速運動と重力の存在は区別できない。エレベーターが急に上へ動き出す（加速運動）と、乗っている人は床に押しつけられるように感じる。感じた重さと重力は同じだ。このひらめきから一般相対性理論を完成させるまでに8年かかった。それは複雑な計算式を伴う難解な理論だが、その核にある考えは実にシンプル。重力は力ではない、時空のゆがみだ、という発見である。

かつてアリストテレスは重力を、すべてのものが持つ一定の性向に帰した。重いものは地球の中心に向かって落ちようと「欲し」、火は天空へ昇りたがるのだと。コペルニクスは、重力は「すべての部分に授けられた自然な性質であり……球体の形に集まることによって統一性や全体性に加われる」のだと考えた。そしてニュートンにとっての重力は、すべての物質の動きを支配する「自然の力」であり、この宇宙にあるすべての物質は互いに引き合っているのだった。しかも、この力は瞬時に無限の遠くまで届く。ニュートンは、重力が「なぜ」働くのかを解明したとは言っていない。主著『プリンキピア』の最後のほうに書いている。自分は「重力の現象からその原因を突きとめることはできなかったし、何の仮説も立てていない……重力が本当に存在し、ここまでに説明してきた法則に従って動くと知るだけで十分である」と。

それから2世紀の歳月を隔てて、アインシュタインはその答えを見つけたようだ。地球上の経度線を撮影したとしよう。ぐんぐんズームインして狭い範囲だけをのぞけば、もう地表の曲面は無視できる。そのとき経度線は平行して走り、どこまで行っても交わらないように見える。つまり、そこは実質的に平面であり、したがってユークリッド幾何学の法則（平行な2本の線はけっして交わらない）を適用できる。ではズームアウトして地球全体を眺めたらどうか。経度線は南極点と北極点で交差している。確かに平行線だが、引かれた二次元の表面が曲がっているからだ。

この曲がった表面に、さらに2つの次元を加えてみよう。空間と時間の次元だ。そうすると四次元の時空ができる。これが一般相対性理論の世界だ。曲がった時空を直感的に把握するのは不可能だが、しかるべき訓練を積めば、そんな世界を記述する方程式を書いたり解いたりできるようになる。一般相対性理論に含まれる方程式は、質量（エネルギーの別な形）と時空の形の関係を記述している。プリンストン大学のジョン・ウィーラーが書いたように「時空は物体に動き方を教え、物体は時空に曲がり方を教える」。ディミトリオス・プサルティス（後にシェップ・ドールマンが出会うことになる科学者）の言を借りるなら、重力（引力）を持つ質量は近くにいる物体の動く方向を曲げる。時空のゆがみは単なる幾何学の問題ではなく、物体の運命を左右するのだ。

＊　＊　＊

エディントンは観測装置に次々と写真の乾板を装着する作業に追われて、空を見上げる余裕もなかった。「結果から判断するに、皆既日食の最後の三分の一に関するかぎり、雲はかなり薄くなっていたと思われる」と彼は記している。得られた結果（ブラジル遠征隊の結果も含む）はアインシュタインの予言どおりで、撮影された星の位置が変化していた。わずかな違いだったが、これで時間と空間についての私たちの理解は革命的に変わることになった。

そしてエディントンのおかげで、アインシュタインは20世紀の最も有名な科学者となった。一般相対性理論は科学の勝利であり、世間にセンセーションを巻き起こしもした。世間の人々にとって、アインシュタインの方程式は解読不能な古代文書に等しかったが、ともかく「私たちを真実から隔てる壁が崩れたように思えた」と、物理学者のヘルマン・ワイルは記している。「今までにない広がりと深さが、知を探究する者の前にさらけ出された。私たちが予感すらしていなかった領域が」

3

誰よりも先にブラックホールを撮影するために地球規模の望遠鏡を作る。そんなことをライフワークにするのはどんな人間か。もちろん巡り合わせというものはある。しかし十分な才能と意欲、そして性格（どんなときも前を向く活力、リスクや反対意見を受け入れる寛容さ、そして何としても真実に迫ろうとする執念）を兼ね備えた人間だけが、巡り合わせをチャンスに変えられる。

シェップ・ドールマンの生い立ちを振り返ってみよう。どんなときも前を向く活力は、たぶん親譲りだ。彼は１９６７年にベルギーのヴィルゼルで、アメリカ人の両親の下に生まれた。当時、父のアレン・ナックマンは23歳。医者になるため渡欧していた。母レーン・コニアックは21歳でニューヨーク東部の出身。しかし子どもができると医学には早々に見切りをつけ、シェップが生後５か月のときアメリカに帰国。アラスカへ向かうつもりで大型トラックを借り、西海岸のオレゴン州ポートランドまで来た。そこでアレンはＡＰ通信に拾われて記者となり、郊外の家に落ちついた。

シェップは賢い子だった。３歳時には本を読めたと伝えられる。そしてモンテッソーリ教育の学校から公立小学校の2年生に転入したとき、幼いシェップは帰宅するなり母親に綴り方のテスト用紙を突きつけ、こんな簡単な問題じゃつまらない、もっといい学校に行かせてくれとせがんだ。母レーンはどこかでユダヤ系私立学校の噂を聞きつけ、息子を連れて直談判に行った。事情を話し、でもまともな入学金は払えないと伝えた。すると院長のユダヤ僧は快諾し、妹ジェファの入学も認めてくれた。

一家はその後も何度か引っ越したが、学校があるから遠くには行けない。これが父アレンには耐えがたかったらしい。シェップが7歳のとき、バイクでアジアを遍歴すると言って家を出て、そのまま二度と戻らなかった。

レーンはネルズ・ドールマンと再婚した。高校の科学教師で、２人の子連れ（男児と女児）。レーンの息子と娘はドールマン家の養子となった。その後、シェップはアレンを「生物学上の父」と呼び、ネルズをパパと呼ぶようになった。

シェップが5学年を終えたとき、ドールマン家（夫婦と息子2人、娘2人に犬1匹）は大きな冒険に乗り出した。子どもたちがどんどん「アメリカナイズ」されていくのに危機感を抱いた両親は意を決し、キャンピングカーに家財道具一式を積み込んでモントリオールを目指し、そこからポーランドの客船シュテファン・バトリでベルギーへ向かった。父親は学校から、1年間のサバティカル休暇をもらっていた。

その年、一家はルーヴェン・ラヌーヴで過ごした。シェップはフランス語を知らなかったが、それでもフランス語で授業をする学校の6年生に編入された。学校のない日にはキャンピングカーでイタリアやスペインを旅し、スープと馬肉のサンドイッチで腹を満たした。素晴らしい経験になったが、元の生活に戻るのは難しかった。ヨーロッパの学校のほうが進んでいたから、その年のうちにシェップはアメリカの学校の7年生レベルまで修了していた。だからオレゴンへ戻ると、シェップは12歳で高校に入学した。両親ともその高校で働いていたから、学校にいても親の目は届く。しかし同級生と歳が違いすぎた。シェップはいじめられ、スポーツには参加できず、パーティにも呼ばれなかった。

それでも彼は父親の物理の授業を選択していた。そして、どうやら天賦の才があった。後に父は言っている。自分が学生時代に苦労した難しい概念を、あの子は直感的に理解できたと。家に帰ってからも科学で遊んだ。父と一緒にロケットを手作りして打ち上げた。オレゴン州東部の砂漠に出かけて「雷の卵」を集めたこともある。それは溶岩が球状に固まった石で、父はダイヤモンド刃の鋸《のこぎり》でそれを真っ二つにし、内部が結晶化しているのを見せてくれた。そしてもちろん、あの日にはキャンピングカーで皆既日食を見に行った。

シェップは15歳で高校を卒業。当初はカリフォルニア工科大学マウントオリンパス校で物理学を専攻するつもりだったが、あいにく門前払いとなり、ポートランドのリード・カレッジに進んだ。自由な気風で、ドラッグにも寛大な学校だった。まだ運転免許は取れないから、彼はキャンパス内の寮に入った。そして母親の言いつけに従って年齢を偽ることにした。誰に対しても、自分は17歳だと言い張ったのだ。それからの4年間、彼はこの嘘をつきとおした。だから卒業式で司会者が、この学年には我が校の歴史を通じて最も若い卒業生がいると発表したときは身が縮む思いだった。

4年生のある日、シェップは物理学部の廊下に貼り出されていた1枚の求人情報を見つけ、その場に立ちすくんだ。デラウェア大学バートル研究所のもので、南極大陸での1年間の科学実験に従事する技術者2名を募集していた。すでにＭＩＴ（マサチューセッツ工科大学）の博士課程（物理学）に進むことが決まっていたが、彼は思った。南極が呼んでいると。

それから数か月後、シェップはマクマード基地の氷に覆われた滑走路に降り立った。ニュージーランドから海を越えて彼を運んできたＣ141スターリフターのエンジンはまだ回っていて、暖かい風を吐き出していた。すぐ近くには赤と白に塗り分けた6輪のバス「イワン・ザ・テラ」が待機していた。空はウルトラバイオレット。さすがに最初の数日は、これでよかったのかと後悔しかけた。しかし、やがて氷は彼の一部となった。

彼の職場はブルーの金属製の小屋で、「コズレイ」（コズミック・レイ＝宇宙線を縮めた語）と呼ばれ、基地本体からは1マイル（1・6キロメートル）ほど離れていた。手がける実験には、地球に飛び込んでくる宇宙線によってはじき出される中性子を数えることも含まれていた。たいていの日は基地の宿舎で寝起きし、徒歩か車で職場へ向かうのだったが、コズレイにも小さなキッチンとベッドが付いていた。だから彼は何日もそこに泊まり込み、ウォークマンで好きな音楽を聴き、オレゴンから運び込んだマッキントッシュで遊ぶことができた。暗室もあったから、自分で撮ったオーロラの写真を現像することもできた。

そんな孤独を彼は愛した。しかし、この氷の大陸でのアメリカ人の活動を守る海軍南極開発第6戦隊（通称パッカード・ペンギンズ）の幹部たちには、隊員の孤独を憂慮する理由があった。南極の冬は半年も続く闇の世界で、外界からはほぼ隔絶されてしまう。適応できない隊員を本国へ緊急搬送することは可能だが、驚くほどの手間と金がかかる。今までの経験から、若くて未婚の大卒男子なら南極の冬に適応しやすいことは知られていた。もちろんシェップはこのカテゴリーに収まるが、いかんせん若すぎた。まだ19歳、アメリカの南極越冬隊では史上最年少だ。

しかし取り越し苦労だった。南極に長い夜が訪れると、彼のなかで夜行性の本能が目覚めた。そして凍てつく夜空に啓示を見た。星は信じられないほどいっぱいあった。長く見つめていればいるほど、たくさん見えた。やがて漆黒の天空は宇宙の彼方できらめく光の点で満たされていく。もはや地上と天界の境界は消え去り、シェップには自分が地上ではなく銀河の真ん中に、現在ではなく時の彼方にいるように感じられた。なにしろ何千年も前に放たれた光が、いま目の前の空に浮かんでいるのだ。後に彼は、宇宙をタイムマシンにたとえている。宇宙を見つめるということは、何千年、何百万年、いや何億年も前に起きた出来事を見つめることに他ならない。太陽がこの瞬間に爆発しても、私たちがそれを知るのは8分後。天の川銀河の果てにいる異星人が地球を見れば、彼らが目にするのはネアンデルタール人だ。

氷上の勤務を終えたとき、彼は悩んだ。さすがに2度目の入学辞退は許されないと思ったから、改めてＭＩＴの大学院に願書を出し、改めて入学を認められた。でも博士課程に入れば放浪の旅はできない。だから彼はバイクでニュージーランドを回り、それからアジアへ渡った。パキスタンでは、南極時代の同僚が財務相宅での夕食をアレンジしてくれた。カシミールではバスの屋根に乗って狭い山道を行き、崖っぷちから落ちた車の残骸をのぞき込んだ。友人や家族には頻繁に電話し、セロファンのように薄い航空書簡を送った。そして１９８８年の春、ついにロサンゼルスへ舞い戻り、ニューメキシコ州へ向かった。

両親はすでに離婚していて、母は昔の原爆実験場だった同州アラモゴードの近くに引っ越して、盲学校で教えていた。もう2年近く息子には会っていなかったが、息子の性格が変わっていないことにはすぐ気づいた。南極暮らしでも暗い人間にはならず、昔と同じ快活な子だった。でも何かが、少なくとも髪が変わっていた。それまでのシェップは赤毛だった。たぶん生物学上の父（伸ばしていた髭は半分赤く、半分茶色だった）からの遺伝だ。しかし今、シェップの髪は濃い茶色になっていた。母と同じだ。

帰米してから数か月後、シェップはＭＩＴのキャンパスに足を踏み入れた。タクシーを降り、所持品一切を詰めたトランクを歩道に置いたとき、住む家を決めていないことに気づいた。公衆電話を探し、一度も会ったことのない指導教官（核融合研究の世界的な権威だった）に泣きついた。もちろん、高名な物理学者に不動産屋の知り合いはいなかった。これがシェップの、不運な大学院生活の始まりだった。

彼が通い詰めたのはＭＩＴの36号館。コンクリートの柱が縦横に走り、細くて暗い窓があるだけの長方形の建物で、見た目はまるで巨大な集積回路。内部もコンクリートがむき出しで、青白い蛍光灯が並び、最大級の疎外感を抱かせる類の建物だった。

授業も最悪だった。中身は濃いが、ひたすら努力し、どんな苦痛にも耐えることが求められた。宿題として課された問題を解くには、30ページ分の計算式を書かねばならなかった。ＭＩＴの学生なら、限られたデータから自然界の原理を解き明かすためにそれくらいの努力をするのは当然とされていた。昔は、みんなそうやって学者になるか、さもなければ修道僧になった。そこでは上下関係がすべて。認められるか、捨てられるかだ。教授陣は学生たちに、いつもこう言っていた。君は泳いでいるのかね、それとも溺れているのかね。36号館だけでなく、どこの建物でもそうだった。

シェップは馴染めなかった。まわりの学生は純粋数学の天才か、そうでなければ生粋の理論物理学者ばかり。彼自身も宇宙規模の抽象的な思考に取りつかれていたが、得意なのはマニュアルな作業と物質を扱うことだ。30ページ分のテンソル計算をこなすのに必要なアンフェタミンの分泌を維持するのは苦手で、もっと継続的で多次元的な刺激が欲しかった。プラズマ物理学の研究は長続きせず、X線天文学の研究に加わった時期もある。集積回路上で哺乳類の神経細胞を育てる実験は面白かったが、指導教官が別の大学に移ってしまい、研究室は閉鎖。その後、なりゆきで電波天文学者バーニー・バークの率いる研究グループに参加したが、この先生は学界の名士で、数々の国際的な委員会に名を連ね、いつも世界中を飛びまわっているタイプ。学生の指導は上級生にまかせていた。これでシェップは折れ、口頭試問に2度失敗、3度目でどうにか合格したが、すっかり先生の信頼を失ってしまった。バーク先生はシェップを追い出そうと決め、ボストンの北にあるMITの観測所への転籍を勧めた。

こうして1992年のある日、シェップは数人の仲間と共に車に乗り込み、北へ向かった。町を出て、コロニアル様式の住宅や人工の池を横目に1時間ほど走り、右折して2車線の道に入り、政府の立てた標識に従って森の中を登っていくと丘の中腹にドームやパラボラアンテナが見えてきた。白塗りの大きな格納庫の上には、銀色に輝く半球状の小屋。さらにその先に2つの巨大な電波アンテナがあり、光のしずくを受けるボウルのごとく、顔を天に向けていた。丘の頂上にあるのがヘイスタック観測所の本部だ。灰色のレンガ造りの平屋建てで、てっぺんに白くて大きな球体が乗っていた。

シェップたちは中に入り、受付でチェックインした。外から見ると、ヘイスタックは冷戦時代の映画に出てきそうな、政府の職員が秘かに宇宙人と交信していそうな施設の雰囲気。たぶん地元にはそんな都市伝説があったに違いない。しかし内部は電話会社の地方局みたいに静かで、のどかだった。少なくとも創立当時に比べれば。

ヘイスタックの前身はＭＩＴのラッド研究所。１９４０年代にレーダーを完成させ、第二次世界大戦を勝利に導いた場所だ。戦後にいったん閉鎖されたが、レーダーに映る飛び道具の脅威は増すばかり。そこで１９５０年代の前半、ロシアの核兵器に対抗するため、米国防総省とＭＩＴはリンカーン研究所を開設した。軍学協同の常設機関である。間もなく水爆と大陸間弾道弾が完成し、爆撃機から落とす原爆は過去のものとなり、代わって熱核兵器が北極を越えて飛んでくる悪夢のシナリオが現実の脅威となった。リンカーン研は弾道ミサイルを追跡する装置を開発、その１つがミルストーンヒルのレーダー基地で、シェップたちの立つ丘の中腹にあった。この基地ができたのは１９５７年、どうにかロシアの打ち上げたスプートニクの軌道を追跡するのに間に合った。

１９６０年代の前半、リンカーン研は最新鋭のレーダー基地としてヘイスタック観測所を建設した。主たる目的は軍事衛星との緻密な交信だったが、現場の科学者たちは第三次世界大戦への備え以上のことをやりたかった。天体の観測である。ヘイスタックの屋上の白い球体の中に37メートルの巨大アンテナが完成すると、アラン・ロジャースが音頭を取って惑星の観測を始め、太陽系の基本的なスペックを割り出した。アポロ11号が月面探査に飛び立つ前には月面の様子を詳しく調べ、着地に適した場所を探し、そこの地面が十分に固いことを確かめた。当時のＮＡＳＡ（米航空宇宙局）は、着陸船が月面の砂に沈み、ニール・アームストロングとバズ・オルドリンが帰らぬ人となる事態を本気で恐れていたからだ。

１９６０年代の後半にはリンカーン研のアーウィン・シャピロらが、アインシュタインの重力理論の第４次検証を目指す観測に挑んだ。屋上のディッシュ（パラボラアンテナ）を使って、電波が太陽のすぐ近くを通るタイミングで金星と火星に電波を送り、それが戻ってくるのに要する時間を測定した。すると太陽の重力のせいで曲げられた電波は千分の一秒の十分の二だけ遅れて戻ってきた。アインシュタインの予言どおりだった。

こうしたレーダー天文学が電波を送受信する相手は、もっぱら太陽系の惑星や月だ。対して電波（ラジオ）天文学では、宇宙のはるか彼方の物体から飛んでくる波長の長い光を相手にする。ラジオ（電波）望遠鏡と聞くと一般の人は奇妙なものを連想するらしく、１９９７年の映画『コンタクト』でジョディ・フォスター（実在の電波天文学者ジル・ターターの役）はヘッドフォンで望遠鏡を「聴いて」いた。きっと映画館で見た科学者たちは顔を覆ったに違いない。電波天文学で言う「ラジオ」はラジエーション（エネルギーの放射）の略であり、彼らが相手にするのは電磁波、つまり光だ。目に見える光は、大ざっぱに言えば波長が７００から４００ナノメートルの間に収まるもの（１ナノメートルは１メートルの十億分の一）。対して電波天文学が扱う光の波長は短くても１ミリメートル、長ければ数マイル（数キロメートル）にもなる。目に見える光は地球の大気を突き抜けて海中まで到達し、そこに暮らしていた原初の生命体の網膜を刺激した。その後の進化の過程で、網膜が識別できない波長の光は忘れられたが、光は光だ。その気になれば、どんな光も「見える」。

失意のシェップが初見参した１９９２年当時、ヘイスタックはすでに電波天文学の分野で最先端を行っていた。彼は施設内の研究室を片っ端から訪れ、面談を重ねた。どこで博士論文を書くかを決めなければならなかった。そしてたどりついたのが、ヘイスタックの創立メンバーであるアラン・ロジャースの研究室。ロジャースは痩身で白髪、少年時代を過ごしたアフリカ南部のローデシア訛りのある紳士で、バーニー・バークやアラン・ホイットニー、ジム・モーランらと組んで超長基線干渉計（ＶＬＢＩ）の技術を確立したことで知られていた。それはそれは地理的に遠く離れた場所にある複数の電波望遠鏡をつないで、単一の巨大望遠鏡に仕立てる技術。ＶＬＢＩで得られる画像の解像度は天文学史上で最も高く、ものすごく遠くのものすごく小さな物体を研究するのに適していた。

シェップはＶＬＢＩのことをほとんど知らなかったが、そこに冒険とロマンを感じてはいた。東西冷戦の最悪期にＶＬＢＩの研究者たちが原子時計を民間機に積み込んでソ連に向かった話も聞いていた。中国・南京の紫金山天文台やノルウェーのスバールバル諸島への遠征譚も聞いた。ＶＬＢＩを使って地球の形状や大きさを正確に測定し、その微細な変動を観測するプロジェクトにも心が動いた。そんな研究では地球の果てまで出かけて行って、人跡未踏の地に電波望遠鏡を設置する必要もある。素晴らしいじゃないか、とシェップは思った。ただし彼がヘイスタックに来たころには、ほとんどの設置作業は終わっていた。

　しかしロジャースには、シェップが食いつきそうな新規プロジェクトがあった。ＶＬＢＩの精度を上げて猛烈に周波数（振動数）の高い、言い換えれば波長の短い電波を観測する計画だ。具体的にはマイクロ波と赤外線の間に位置する「サブミリ波」のスペクトルを観測すること。当時の技術では波長3ミリメートルの光（電波）を捕らえるのが限界だった。当座の目標は波長1ミリメートルだが、その先にまだ見ぬサブミリ波への挑戦があった。何年もかかる困難な仕事だ、とロジャースは説明した。すでに既存の技術の限界を超えているから、新しい装置を一から開発し、その性能を実験で確かめる必要がある。実験に失敗はつきもので、しかも人里離れた高地で行うことになる。しかし科学者にとってのモチベーションは高い、とロジャースはつけ加えた。うまく行けば銀河の中心をのぞき込んで、そこにあるはずのブラックホールを観測できるぞ。

4

アインシュタインが一般相対性理論を発表すると、世界中の科学者がその謎めいた方程式に目を見張った。カール・シュバルツシルトもその一人だ。

シュバルツシルトはドイツの天体物理学者で、アインシュタインの同僚であり文通相手でもあった。１９１４年に第一次世界大戦が勃発すると、彼はポツダムの天体物理観測所の所長を辞してドイツ陸軍に志願したが、戦場にあっても学問的関心は衰えなかった。プロシア王立科学アカデミーの紀要で一般相対性理論の論文を読んだときはロシアの前線にいた。「戦争のおかげと言うべきか」。１９１５年12月22日付のアインシュタインへの書簡に、彼はそう書いている。「激しい銃撃戦が続いているが、それも地上的な感覚ではだいぶ遠いので、私はこうしてあなたの思索の領域を散策できる」。その散策の途中で、彼は誰よりも早くアインシュタイン方程式の厳密な解を導いた。

一般相対性理論は、いわば方程式の山だ。そしてどの方程式も、蓋を開けると何が飛び出してくるか分からないおもちゃ箱のような代物。それはテンソルと呼ばれる難解な、大学で数学や物理学を専攻したくらいではお目にかからない数学言語で書かれている。そうした方程式の「厳密な解」もまた別な方程式で、ゆがんだ時空における距離の測定方法（メトリック）を表す。時空が異なればメトリックも異なる。回転する星のまわりの時空は、回転しない星のまわりの時空とは異なる。そこでシュバルツシルトは最も基本的な例として、回転しない球体のまわりの時空におけるメトリックを導いた。

アインシュタインはシュバルツシルトの解に感激し、戦地にいる本人に代わって論文をプロシア科学アカデミーに提出したほどだ。一般相対性理論の授業では今でも最初にシュバルツシルト解を学ぶし、星や惑星のまわりの時空を扱う上では便利なツールだ。しかしシュバルツシルトの解には最初から、どうにも不可解な点があった。その方程式が正しいとすれば、いかなる天体にも「限界円周」があり、そこでは実に奇妙なことが起こる。後にエディントンはそれを「魔法の円環」と呼んだ。その内側で起こることは誰にも知り得ないからだ。限界円周は天体の質量によって決まる。私たちの太陽の場合、現在の円周は４３７万キロメートル（直径１４０万キロメートル）で、計算上の限界円周は約18・5キロメートル。つまり2×（10の30乗）キログラムの質量をもつ太陽を円周18・5キロメートル（直径約6キロメートル）以下にまで圧縮すれば、その内部から発せられた光は絶対に外へ出られない（外からは何も見えない）。数学用語で言えば、この限界円周は定義不能な「特異点」ということになる。当然のことながら、シュバルツシルトもアインシュタインも、当初は「シュバルツシルトの特異点」を純粋数学的な架空のものと見なし、物理的な世界には関係ないと考えた。

　しかし無視された計算式は黙っていなかった。気づいてくれ！　と叫び続けた。そして１９３０年代に入ると、まずスブラマニヤン・チャンドラセカールが、もしも星の燃料が燃え尽きて自重でつぶれてしまったらどうなるかを計算した。すると、質量が太陽の1・4倍未満なら白色矮星（恒星なみの質量を小さな惑星なみのサイズに凝縮した星）になることがわかった。それより重い星は、さらにつぶれ続ける。その数年後にはフリッツ・ツビッキーが、重すぎて白色矮星になれない星は中性子星になることを発見した。スプーン1杯ほどで10億トンもの重さになる物質でできた、小さな町ほどのサイズの球体である。もっと重い星はどうなるのか？　その運命がわかったのは１９３

9年、ロバート・オッペンハイマー（カリフォルニア大学バークレー校の物理学者で、後に「原爆の父」と呼ばれることになる人物）と弟子のハートランド・スナイダーが、最も重い星たちの最期を詳細にシミュレートし、こう結論した。「核融合反応に必要なすべてのエネルギー資源が使い果たされると……しかるべき重さの星は崩壊し」、「その収縮は無限に続く」。つまりどこまでも収縮して、いずれは無限大の密度をもつ点（これもまた特異点である）になる。もしもそんな星の上にいたら、最後はあっと言う間だ。しかしその星の近くで見ていれば、収縮のプロセスは無限に続く。その星がつぶれていくにつれ、そこから放たれる光は次第に赤みをおびていくが、最後にはそこへ閉じ込められ、凍りつく。ある観察者から見れば一瞬の終末、別な観察者から見れば永遠の収縮。矛盾しているようだが、どちらの描像も正しい。

そう聞いたオッペンハイマーの同僚たちは、こう言ったに違いない。素晴らしい、しかし今はヒトラーのドイツに最期をもたらす装置の議論をしよう。それでオッペンハイマーは1942年に、急激な核分裂反応によって爆発する装置を開発するマンハッタン計画の責任者となった。

戦争が終わって平和が戻ると、軍隊でレーダーを扱っていた技術者たちは、余ったレーダーを科学のために転用しようと空へ向けた。光学望遠鏡に慣れ親しんだ伝統的な天文学者は当初、新参の電波屋を見くだしていたが、後にワーナー・イズラエルが書いたように「天文学史上、ガリレオの時代に匹敵する最も多産な時代を切り開いた」のは電波天文学者たちだ。彼らは天空の何も見えない方角へディッシュ（アンテナ）を向け、はるか彼方から飛んでくる電波の発信源を正確に測定した。その位置（座標）を聞いた伝統的な天文学者は巨大な光学望遠鏡をその方角に向け、おごそかに焦点を合わせ、じっくり観測した。すると、驚いたことに、今までは誰も気づかなかったところにおぼろげな光源が見つかった。それは当初、電波銀河と呼ばれたが、間もなく電波天文学者たちはもっと奇妙な天体を見つけた。電波星である。電波星はやがて、クェーシーステラー（準恒星状）電波源（天体）を略して「クェーサー」と呼ばれることになる。最初のクェーサーを光学的に確認したマーテン・シュミットは雑誌「タイム」の表紙を飾ったが、彼にその位置を教えた電波天文学者ジョン・ボルトンは無視された。

そのクェーサー（3Ｃ273）は20億～30億光年の彼方にあり、天空にあるどんな星より100倍も強く輝いていた。たび重なる水爆実験で太平洋の環礁を破壊しつくした人類は、核融合という自然現象の秘める恐ろしい力を学んだ。しかし核融合でもクェーサーの輝きは説明できない。3Ｃ273の明るさは太陽の実に4兆倍だ。しかし4兆の星からなる銀河ではありえない。その光が短時間で明るさを変えているからだ。4兆もの星々の光がそろって揺らぐことはありえないから、クエーサーのエンジンは単一で比較的に小さく、しかも膨大な数の星に匹敵する物質を一気にエネルギーに転換（解放）できる高性能なものと考えるしかない。しかし核融合反応（2つの元素が融合して別な元素になるプロセスで、一般の恒星も水爆もこれを原動力としている）でも、エネルギーに転換される（エネルギーとして解放される）のは原料（融合させた元素）の質量の1％がせいぜいだ。これではクェーサーの明るさを説明できない。ここで再び、アインシュタインの重力理論

（一般相対性理論）の登場となる。

重力は自然界で知られている4つの力のうちで最も弱い。しかし落下は恐ろしくパワフルな運動だ。落下する物体は運動エネルギーを獲得する。どんどん落ちていけば、それだけのエネルギーを獲得する。アインシュタインの方程式によれば、想像を絶するほど重い物体に向かって落ちていく物質はいずれ光速に近いスピードまで加速される。そのとき何かにぶつかれば運動エネルギーが解放され、爆発する。その威力は熱核兵器をもはるかに上回るはずだ。しかし、このエネルギー解放の理論とクェーサーの明るさがどう結びつくのかは、１９６０年代までわからなかった。

実を言うと一般相対性理論は、それが世に出てから最初の40年間はほとんど無視されていた。何の役に立つのか不明だったからだ。一般相対性理論を知らなくても、２５０年前のニュートン力学さえ知っていれば人類を月に送り込むことは可能だった。しかし、なかには変わり者の学者もいて、オッペンハイマーの１９３９年の予言にこだわり続けた。たとえばプリンストン大学のジョン・ホイーラーは１９５０年代を通じて「星の最期」のシミュレーションを続け、１９６０年代の前半にオッペンハイマーとスナイダーの予言は正しいと確信するに至った。一定の重さ以上の星が死ぬと、その崩壊は永遠に続くのだと。

クェーサーの発する膨大なエネルギーの謎を解くため、物理学者たちは１９６３年12月16日から18日まで、米テキサス州ダラスに集まった。第１回相対論的天体物理学テキサス・シンポジウムである。開会式に招かれたテキサス州知事ジョン・コナリーは腕を三角巾で吊していた。ほんの数週間前、ジョン・F・ケネディ大統領暗殺の現場に居合わせて銃弾を受けていたからだ。このシンポジウムで、クェーサーと一般相対性理論、そして重力崩壊に何らかの関係があることは確認された。しかし、どう関係しているかはまだ不明だった。クェーサーは崩壊の過程にある巨大な星だという仮説が提示されたが、つじつまが合わない。星の崩壊はあっと言う間だろうが、クェーサーは何百万年も輝き続けている。一瞬か一日の出来事が、なぜ時を超えて輝くエネルギーを供給できるのか？

その後、答えは明らかになった。新世代の理論物理学者が新しい数学的ツールを駆使して導いた結論は、確かに一定の重さ以上の星が崩壊すれば実に奇妙なことが起きるということ。ジョン・ホイーラーによれば、崩壊が進むと「ミリ秒単位で暗くなり……1秒としないうちに暗すぎて見えなくなる。星の核だったものが、もはや見えない。核は泥棒猫のように姿を消し、残るのはその痕跡ばかり。その重力のみ」となる。ワーナー・イズラエルの言を借りれば、残るのは「原初的で自己充足的な重力場であり、それを生み出した物質との一切の因果関係を断ち切り、まるで石けんの泡のように、最も単純な形状に落ち着いて外界の影響を受けない」。これこそアインシュタインの方程式が言わんとしたこと。シュバルツシルトの手紙で最初に指摘された特異点は本当に、物理的に存在するのだ。その存在を、ジョン・ホイーラーは1967年に「ブラックホール」と名づけた。

もしもブラックホールが単に光を閉じ込めるだけの星であったなら、科学者がそれを理解するのに50年も要しなかっただろう。そもそも200年以上前にイギリス人のジョン・ミッチェルはニュートン力学を用いて、その自重ゆえに光を閉じ込めてしまう「暗黒星」の存在を予言していた。同じころ、フランスのピエール＝シモン・ラプラスも『宇宙の体系総覧』の初版で同様な指摘をしている。この二人が想定したのは、通常の物質で構成されているけれども信じられないほどに重い実体としての星だ。とにかく重い（重力が強い）ので、光といえども脱出速度に達せず、大気圏を脱出できないロケットが落ちてくるように、その星の表面に落ちてしまう。

ブラックホールは違う。物質ではなく、純粋な重力だ。モノではなく、一連のプロセスと考えたほうがいい。天文学者のアンドリュー・ハミルトンは滝にたとえる。重力の弱い場所では、時空は穏やかな川のようにゆったり流れている。そこに丸太を投げ入れると、流れが乱れる。丸太のまわりの流れが変わる。このたとえでは、水の流れが時間だ。あなたがカヌーに乗っているとすれば、丸太をよけて通ることはできる。ところが徐々に流れが急になり、気がつけば滝に呑み込まれる。逃げ出すことはできない。一巻の終わりだ。

ブラックホールの決定的な特徴はその境界、例のシュバルツシルトの「限界円周」に現れる事象の地平（イベント・ホライズン）だ。いち早くその実態に気づいた物理学者デビッド・フィンケルシュタインによれば、事象の地平は「完璧に一方通行の膜であり、事象はそこを突き抜けられるが絶対に戻れない」。それは場所だが、表面はない。運よく（落ちていく途中で宇宙的な地獄の業火に焼かれて果てることなく）生きて事象の地平をくぐれたとしても、そこには何もない。SF映画と違って、地平の膜に子ども時代の記憶が映し出されることもない。そこに「ドラマはない」と物

ブラックホールが回転すると……

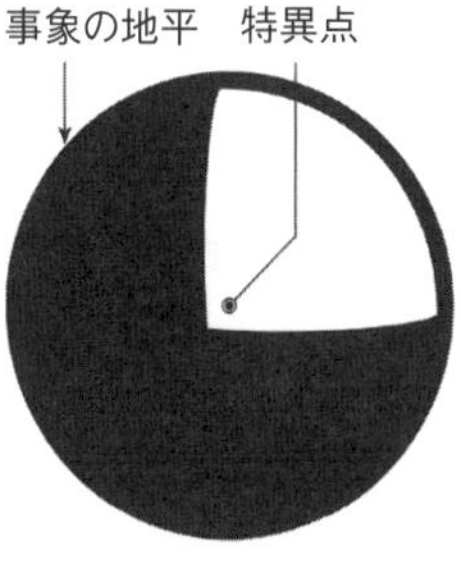

回転しないシュバルツシルト・ブラックホール

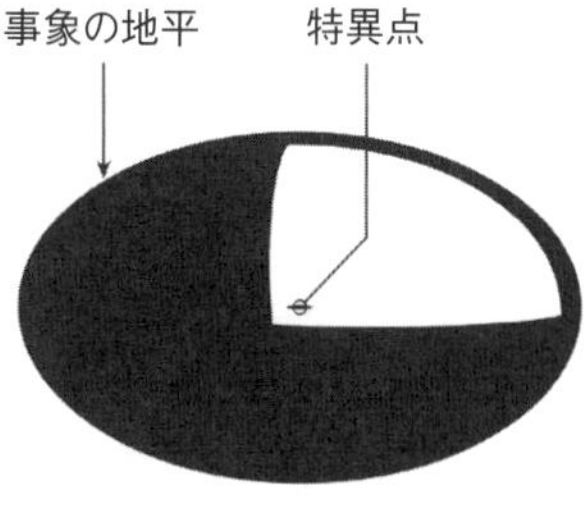

回転するカー・ブラックホール

理学者なら言うだろう。それに気づいても、あなたは二度と戻れない。

事象の地平の内側は真空だ。何もない。アインシュタインの方程式によれば、ブラックホールを生み出す元になった星の物質はすべて、中心にある無限に小さく無限の質量を持つ特異点に詰め込まれる。この特異点は時空の「結び目」とも言われるが、そこで何が起きるのかは誰も知らない。そこでは物理学の法則も通用しない。

回転（自転）せず、電荷をもたないブラックホールは「シュバルツシルト・ブラックホール」と呼ばれる。事象の地平という膜が空っぽの内部を覆い隠し、その中心に時空の結び目があるというイメージだ。しかし宇宙にあるすべてのものは回転しているので、実際のブラックホールも回転しているはずだ。回転し、電荷をもたないブラックホールは、計算によってその存在を導いたニュージーランドの数学者ロイ・カーにちなんで「カー・ブラックホール」と呼ばれる。１９６３年のテキサス・シンポジウムで、カーが自らの数式を発表したときの衝撃を、チャンドラセカールは後にこう記している。「私の学究生活を通じて最高に衝撃的な体験は、ロイ・カーによって発見されたアインシュタイン方程式の正確な解から、この宇宙空間に無数にある巨大なブラックホールの姿がくっきりと見えてきたことだ」

星が崩壊してカー・ブラックホールができると、事象の地平に呑み込まれたエネルギーは回転を続ける。回転の勢いは止まらないから、結び目のような一点に集約されない。その代わり特異な環ができる。ブラックホールに落ち込んだすべてのエネルギーを吸収した無数の光子が渦を巻いている感じだ。この特異なエネルギーの渦は周辺の時空をどんどん引きずり込み、そこに漂うガスはブラックホールを中心に巨大な渦を巻く。「慣性系の引きずり」と呼ばれる現象だが、ロジャー・ペンローズは1969年にこれを用いてブラックホールとクェーサーの関係を説明した。誤解されがちだが、ブラックホールは周辺の物質を一気に呑み込むわけではない。実は少しずつ食べている。事象の地平からある程度離れたところで、物質はブラックホールを中心とした周回軌道に取り込まれ、ぐるぐる回る「降着円盤」を形成する。ブラックホールが回転し、周囲の時空を引きずるにつれ、この円盤の一部が渦に巻き込まれていく。ペンローズによれば、降着円盤を離れた物質は事象の地平に近い領域（「エルゴ球」と呼ばれる）に入ると2つに分かれる。一方はブラックホールに落ちていくが、他方はエネルギーとして解放され、逃げていく。このの脱出するエネルギーでクェーサーは輝くわけだ。

＊　＊　＊

1960年代にクェーサーの正体が明らかになった後、ブラックホールの研究は理論と観測の両輪で進められた。理論物理学者はブラックホールから自然の根源的な法則を見出そうとし、天体物理学者はひたすら現物を追いかけた。

理論面では、しばらく平穏な日々が続いた。ブラックホールは確かに奇怪な存在だが、構造は実に単純に思えたからだ。身近な世界で、たとえば塵《ちり》の一粒について完全な物理的記述をしようと思えばひどく面倒なことになる。その一粒に含まれる原子のすべてについて、それを構成する電子や陽子、中性子などの量子力学的な状態を逐一記述しなければならない。対してブラックホールは簡単で、質量と角運動量、そして電荷という3つのパラメーターだけで完全に記述できると考えられていた。そこには余分なものも、足りないものもない。2つのブラックホールがあるとして、その質量と角運動量、電荷が等しければ、両者は完全に同一で区別がつかない。すべての電子が同一なのと同じだ。あるブラックホールに重さ100キロ㌘の冷蔵庫を投げ込めば、ブラックホールの質量は100キロ㌘増える。別なブラックホールに重さ100キロ㌘のオートバイを投げ込んでも同じことになる。投げ込まれたものについての情報はすべて事象の地平の彼方に消えてしまうから、この2つのブラックホールは完全に同一なままだ……。

本当にそうか、と疑問を投げかけたのが若き日のスティーブン・ホーキングだ。言うまでもなくホーキングは20世紀後半におけるアインシュタインの後継者で、その独創性においてもウィットにおいてもアインシュタインに肩を並べる存在。１９６６年にケンブリッジ大学で博士号を取得するころには、早くもブラックホール（まだこの名はなかったが）の研究に手をつけていた。宇宙のビッグバンが、ブラックホールの中心にあるのと同様な特異点から始まったことも突きとめた（ロジャー・ペンローズとの共同研究）。ビッグバン後のゆらぎから原初のブラックホールが生まれ，宇宙のあちこちに散らばっていった可能性も示唆した。またジェームズ・バーディーンやブランドン・カーターと一緒に、ブラックホールのメカニズムの4法則を発見したが、それは熱力学の法則と驚くほど似ていた。たとえば「ブラックホールの事象の地平はけっして減らない」という法則は熱力学の第2法則（宇宙全体のエントロピーは絶対に減らない）にそっくりだ。

確かに見かけは似ているが、両者の間には何の関係もないだろう。ほとんどの人はそう考えたが、プリンストンの大学院生ジェイコブ・D・ベッケンシュタインは違った。事象の地平は、実のところブラックホールのエントロピーなのではないか。彼はそう提起した。そんなはずはない、とホーキングは考えた。ブラックホールにエントロピーがあれば、そこには温度があるはずだが、誰もが知っているようにブラックホールの温度は絶対零度だ。またエントロピーがあるのなら、ブラックホールも何らかの粒子（たとえば光子＝粒子としての光）を放出しなければならないが、これまた誰もが知るとおりブラックホールは完全に真っ暗だ。しかしホーキングは１９７３年に（すでに車椅子生活で発声も困難になっていた）量子力学の観点からブラックホールを見つめ直し、自分の過

ブラックホールの蒸発

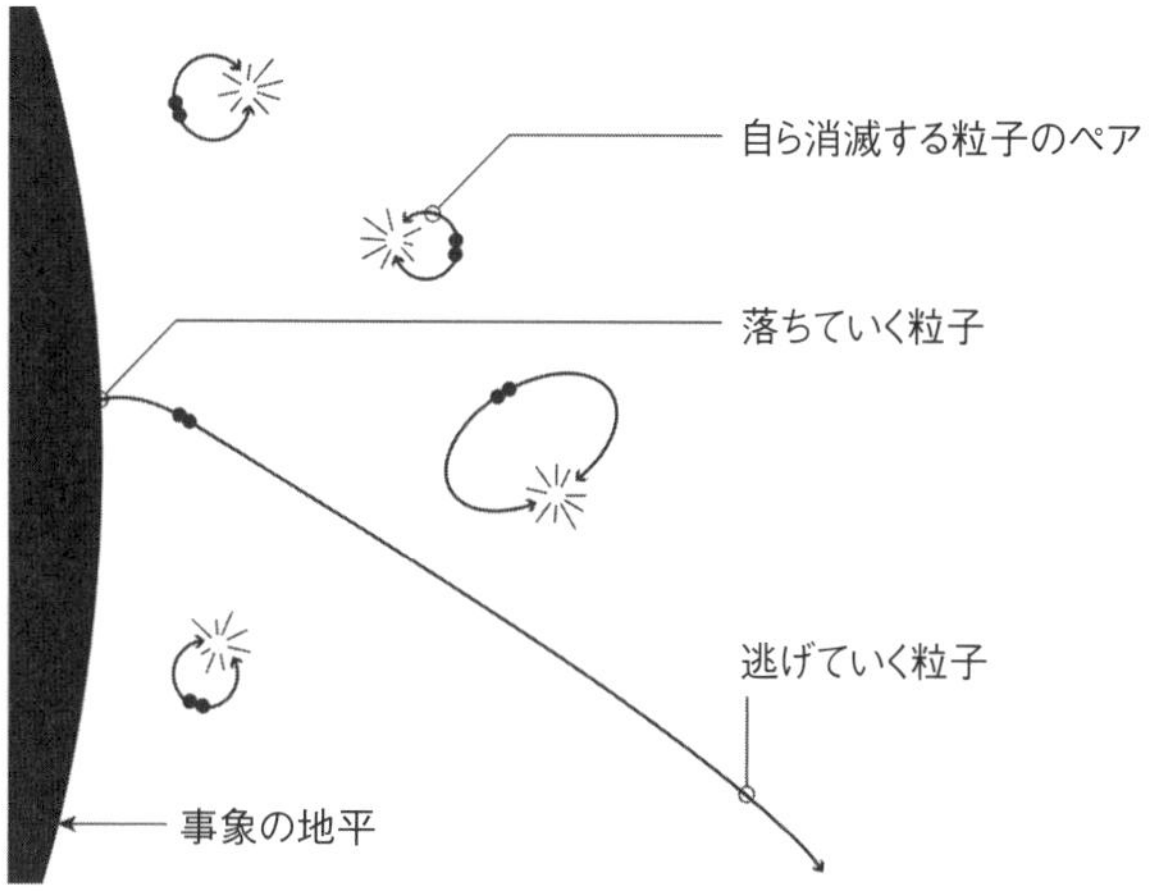

ちに気づいた。そして「ブラックホールの爆発?」と題する論文を発表し、ベッケンシュタインが正しいと認めた。彼の言うとおりブラックホールにも温度はあり、粒子を放出しており、いずれは蒸発するだろうと。

天体物理学にとって、この発見はほとんど無意味だった。ホーキングの計算によれば、太陽の5倍の質量をもつブラックホールの温度は絶対温度で100億分の1度ほどであり、それが蒸発するには宇宙の年齢の何倍もの時間が必要になる。しかし理論上は重大な問題があった。ブラックホールが蒸発するときに出る放射（ホーキング放射）はランダム（無作為）で、そこにはブラックホールに落ちた物質に関する何の情報も含まれない。そしていつの日か、ブラックホールは完全に蒸発してしまう。そのときブラックホールを生み出した物質に関する情報は完全に失われる。この宇宙から完全に消し去られる。

量子力学の理論は、私たちがこの世界を知る能力には限界があると教えている。原子よりも小さな粒子（素粒子）の世界を支配するのは確率であり、そこでの思考実験では、ネコは生きていると同時に死んでいることになる。あとは（アインシュタインはこの言い方を嫌がるだろうが）神の采配だ。しかし量子力学は、確率論的でありながら決定論的でもある。どんな確率かは正確に提示されるからだ。しかも量子力学の世界は遡及可能だ。たとえて言えば、燃えさかる百科事典に含まれるすべての粒子の量子論的な変化を正確に記録しておけば、焼け残った灰から元の百科事典を正確に復元できる。そこでは情報の破壊が許されない。量子論的な宇宙は常に「知り得る」のだ。

しかしホーキングは、もしもブラックホールが存在するのなら（そして情報が完全に消去されるのなら）、この宇宙はどうあがいても「知り得ない」という結論になってしまうと考えていた。後に「ブラックホールの情報パラドックス」と呼ばれることになる疑問であり、それは宇宙の仕組みに関する科学の理解がどこかで根本的に間違っている可能性を示唆していた。問題は本物のブラックホールが存在する宇宙の彼方にとどまらない。仮想のブラックホールは、仮想の粒子と同様、どこにでも出現できるから、ブラックホールのパラドックスは普遍的かつ現在的なものだ。「もしも決定論が崩れるなら」と、後にホーキングは書いている。「私たちは過去を知り得ない。記憶は幻覚かもしれない。私たちが何者かを教えてくれるのは過去であり、過去を失えば私たちはアイデンティティを失う」。ホーキングの言うとおりなら、相対性理論が間違っているか、量子力学が間違っているか、さもなければ本当に情報は破壊されていて意味がなくなり、したがって理論物理学者はお役ご免ということになる。物理学者のジョン・プレスキルは後に、「ブラックホール蒸発のパズルは、もしかすると量子力学の確立された20世紀前半に匹敵する壮大な科学革命の前触れかもしれない」と書いている。そして以後40年間、理論物理学者たちはこのパラドックスの解明に忙殺されることになった。

一方で天文学者は、ひたすら本物の、生きたブラックホールを追い続けた。クェーサーや電波銀河など、「活動銀河中心核」と総称される天体（はるか彼方の銀河の中心にあって強烈な電波＝光を放っている存在）を片っ端から見つけては記録し、整理していった。放射能検知器を載せたロケットを打ち上げ、X線を放つ天体を探しもした。１９７０年には最初のX線観測衛星ウフルを打ち上げた。そして１９７０年代半ばには、どうやらはくちょう座のX－１が小さなブラックホールで、周辺の天体をどん欲にむさぼっている疑いが強まった。このころまでにはブラックホールも有名になっていて、ＳＦ作家やプログレッシブ・ロックのミュージシャンの想像力を刺激していた。カナダのバンド「ラッシュ」は、はくちょう座X－１に飛び込む決死行を歌にしている。

虚無を突き抜けろ
壊れてもいい
何かあるかもしれないぜ

ただしはくちょう座X－1にブラックホールがあるとしても、それは1個の恒星が燃え尽きた程度の質量しかもたず、クェーサーや電波銀河ほど強く輝くには小さすぎた。クェーサーほどの強烈な輝きを放ち続けるには、想像を絶するほど強力なエンジンが必要だ。その正体は何か。1個の星がつぶれてできるブラックホールの何百万倍、いや何億倍もの質量をもつ巨大ブラックホールに違いない。

およそ銀河と呼ばれるものの中心には、そんな巨大ブラックホールが必ずあるのではないか。そう考えたのはイギリスのドナルド・リンデンベルだ。1969年当時、彼は王立グリニッジ天文台（幸いなことに、すでに人工的な光の多いロンドンから郊外に移転していた）で唯一の理論天体物理学者だった。34歳で長身痩躯、庶民の出だがケンブリッジ大学で紳士の作法を身につけていた。実家には口径3・5インチ（約9センチメートル）の古い屈折望遠鏡があり、少年時代の彼はそれで月面の山脈や木星の衛星を観察していた。でも少年が本当に見たいものは別にあった。自分の望遠鏡では天空に浮かぶ綿雲にしか見えないもの――はるか彼方の銀河だ。そして大人になると、さっそく銀河（とりわけ天の川のような渦巻き銀河）の研究に取りかかった。

当時のリンデンベルは天文台から1時間ほどの村に住んでいて、同僚の1人と一緒に車で通勤していた。丘を越え草原を抜けて走る車中で、二人はよく銀河の誕生や星々の内部で起きる核融合について議論を交わした。通勤路の途中には「A273」という道路標識があり、それを見るたびにリンデンベルは3C273を思い出した。最初に発見されたクェーサーのカタログ番号である。ある日のこと、「A273」の標識を過ぎたあたりでリンデンベルは思った。クェーサーが燃え尽きたらどうなるのだろう？　たいていのクェーサーは何十億光年の彼方にある。つまり生まれたのは何十億年も前だ。クェーサーを近くで見ることはできない。でもどうなってしまうのか、あとには何が残るのか。気になる。

リンデンベルはある仮説を立てた。もしもクェーサーが食欲旺盛なブラックホールであるとすれば、クェーサーが死んだ後に残るのは飢えたブラックホールだろう。また宇宙の初期にあれほど高密度な（重い）クェーサーができたのなら、そして今も宇宙がどんどん膨張していることを考えるなら、死んだクェーサーは（少なくとも宇宙規模で言えば）あちこちに数え切れないほどあっていい。たぶん、われらが天の川銀河の中心にもあっていい。

1970年、カリフォルニア工科大学に客員として滞在していたリンデンベルと若きオーストラリア人のロン・イーカーズは2台の電波望遠鏡を天の川銀河の中心に向け、巨大ブラックホールの間接的な証拠（銀河の中心から猛烈な速度で放出されているガス）を探した。そして得られた信号をもとに、銀河の中心部の高解像度電波マップを作成した。よく見ると、そこには電波（光）を放射する不審な「点（スペック）」がいくつかあった。このうちのどれかが巨大ブラックホールだ。彼らはそう思ったが、当時の望遠鏡では確認できなかった。

4年後の2月、ある晴れた晩に天文学者のブルース・バリックとボブ・ブラウン（ともにアメリカ人）はウエストバージニア州グリーンバンクの丘に登った。そしてリンデンベルのころより性能の上がった望遠鏡で銀河の中心部をのぞき、見つけた。しかし慎重な二人は自分たちの論文で「ブラックホール」という語を一度も使わなかった。

すでに仲間内では「銀河の中心にあるブラックホール」が話題になっていたが、論文でそう言い切るには証拠が足りない。君たちの見つけた天体はＧＣＲＳ（銀河中心部小規模電波源）と呼べばいい。バリックとブラウンにそうアドバイスする学者もいたが、ブラウンはもっと簡単な名前をつけたかった。彼は原子物理学を学んでいたが、その世界ではアステリスク（＊）が原子の励起された状態を表す記号として用いられていた。そして問題の「点」はいて座Ａの近くにあり、そこから出る電波が周辺にある水素ガスを「励起」し、輝かせていた。ならばこれにもアステリスクをつけて、いて座A*と呼ぼう。発音は「Ａスター」だ。

5

1992年
ヘイスタック観測所

アラン・ロジャースの研究室で働くことが決まって、シェップは初めての自動車を買った。茶色の1985年製トヨタ・ターセル。しかし少年時代の冒険心がうずいたせいか、ケンブリッジとヘイスタックを結ぶ高速道路で車を大破させてしまった。それでも宇宙の果てを見てやろう、そのために勉強しようという決意は折れなかった。

すでに師ロジャースは多くの複雑なアルゴリズムを書き、高速テープレコーダーを開発し、サブミリ波を扱える最先端の信号処理装置も作っていた。サブミリ波（波長1〜0・1ミリメートル程度の電磁波）は遠方の天体観測で大活躍する。一般に望遠鏡の解像度（分解能）はそのサイズと捕らえる光（電磁波）の周波数（振動数）で決まる。大きな望遠鏡で周波数の高い（波長の短い）光を集めれば、それだけ高い解像度が得られる。非常に周波数の高い電磁波を捕らえる巨大なVLBI（超長基線干渉計）の解像度は信じられないほど高く、巨大ブラックホールの周辺領域までしっかり見えるはずだ。

1992年には、すでに多くの天文学者がいて座A*（われらが天の川銀河のクェーサー）に巨大ブラックホールがあると考えていた。ブルース・バリックとボブ・ブラウンがいて座A*を見つけたのは1974年だが、その意義が広く認められるには時間がかかった。第三者による追試と検証が必要だったからだ。大きく動いたのは1980年代の半ばで、チャールズ・タウンズの率いる研究チームが赤外線望遠鏡で銀河の中心部に漂うガスの動きを観測し、非常に重くて非常に小さい物体の重力を想定しないかぎり、その動きを説明できないと論じた。しかし1992年の時点でも結論は出ていなかった。いて座A*のまわりには若くて大きな星がいくつも見つかっていた。しかし食欲旺盛なブラックホールの近くで新しい星が誕生できるとは考えにくい。だからいて座A*にブラックホールは存在しない。そう考える人もいたが、アラン・ロジャースやシェップ・ドールマンは確信していた。もしもブラックホールがないとすれば、そこにはもっと不思議なものがあるはずだと。

単なるブラックホールであれば、いて座A*より大きく、もっと近いものがたくさんある。天の川銀河にも無数の小さなブラックホールが散らばっているが、真っ暗なので見えないだけだ。対して巨大ブラックホールは見える。周囲の物質を旺盛に食べ、光っているから見える。ただしいて座A*を除けば、どんなに近い巨大ブラックホールも遠く離れた別な銀河の中心にある。地球に近くて目立つからこそ、いて座A*は巨大ブラックホーを見つける最適なターゲットと思われた。しかしそれは何層ものベールに包まれていて、なかなか奥まで見えない。そのベールを最新鋭のサブミリ波VLBIで突き抜けること。それがロジャースの（そしてシェップの）目標だった。

分厚いベールの第一は銀河面と呼ばれるもので、ガスや塵《ちり》、死んだ星の残骸などが膜となって銀河の中心と地球の間に立ちはだかっている。この宇宙ゴミの濃い霧のせいで、銀河の中心から出る光のほとんどは遮られてしまう。そこを通過できるのは電波とX線、ガンマ線、そして赤外線に近い振動数（周波数）のわずかな光だけだ。もしも地球が銀河面より上方に位置していて、私たちが（登山家が谷底をのぞき込むように）銀河の中心を見下ろせるとしたら、そこはまぶしいほどに輝いているはずだ。しかし悲しいかな、地球上ではどんなに暗い場所で雲ひとつない夜空を見上げても、肉眼で見える天の川は黒ずんでいる。まるで重要な部分を黒く塗りつぶした機密文書だ。それでも電波望遠鏡なら、塗りつぶされた部分を解読できる。携帯電話の信号が壁を苦にしないのと同じで、電波は銀河面をたやすく突き抜ける。

しかし次のベールはやっかいだ。専門家の間では「散乱スクリーン」と呼ばれているが、正体はまだ不明。星の爆発で生じた衝撃波が近傍のガスや塵を動かし、渦を巻かせているのではないかと考えられている。熱いコーヒーにクリームを注ぐと表面に渦ができる感じだ。そうであれば、いて座A*から放たれた光の一部はこの渦に巻き込まれて進路を乱され、こちらからは見えにくくなる。それでも天文学者なら、この「散乱スクリーン」がどの波長の光（電波）をどれくらい邪魔するかを計算できる。とりわけ影響を受けやすいのが周波数の低い（波長の長い）電波だ。実際の可視光線は（波長がごく短いので）邪魔されないが、たとえて言えばこういうことだ。同じサイズのアヒルのゴム人形が2つあり、1つは赤、1つは青だとする。両方をシャワー室の濡れたガラス戸の向こうに置いて写真を撮る。ちなみに赤色光は青色光よりも周波数が低い（波長が長い）。このガラス戸がいて座A*を隠す「散乱スクリーン」と同じように作用するとすれば、赤いアヒルはぼやけて、青いアヒルより10倍も大きく写るはずだ。逆に周波数が非常に高い電波なら、このスクリーンをまっすぐ突き抜けられるだろう。

そうした電波なら第3のベール（巨大ブラックホールを囲む高温のガス）も突き抜けるかもしれない。巨大ブラックホールが輝くのはこのガス状物質のおかげだが、その実態はベールに隠れてよく見えない。のぞき込むには、このベールをはがさねばならない。まず周波数の低い（波長の長い）電波は外側のベールから来る。周波数の高い電波は中心に近いところから来る。非常に周波数が高い（マイクロ波と呼ばれる周波数帯の）電波は、おそらくブラックホール本体の端から来ている。

問題は、銀河の中心を囲むガスが透明かどうかだった。不透明なら、いくら事象の地平に近づいてのぞき込んでも巨大な火の玉しか見えない。しかし透明ならぎりぎりのところまで見える。果たしてそこには何があるのか？

＊　＊　＊

最初にＶＬＢＩを作った人たちが意図したこと。それはクェーサーがあれほど強く輝く秘密を探ることだった。そのために地上で可能なかぎり大きな望遠鏡を必要としていた。それがブラックホールの観測につながるとは、まだ知らなかった。

天文学者は天空を角度（度、分角、秒角）で区切って観測する。時計と同じで、１分角は60秒角だ。視力のよい人の目は１００メートル先にある30センチ《メートル》離れた物体を識別できるが、これがだいたい１分角。高性能な光学望遠鏡の「視力」は約１秒角。地球上から見た月面の約２キロ《メートル》の範囲に相当する。対して最初の電波望遠鏡の解像度は、なんとも情けない30度（１度は60分角）。夜空を見上げて手を振って「この電波はあそこからやってくる」と言うのと同じくらい大ざっぱな話だった。

発明したのは、アメリカのベル研究所に所属する実験物理学者のカール・ジャンスキー。１９３０年のことで、当時の彼はニュージャージー州で、大西洋越えの無線通信に混じるノイズの原因を突きとめようとしていた。ノイズの飛んでくる方角がわかれば、その方角にアンテナを向けないことでノイズを除去できる。そこでジャンスキーは全長１００フィート（30メートル）ほどで作りかけの足場のような形の観測装置を作り、当時の人気車T型フォードの車輪４つをつけた台座に乗せ、その場で回転できるようにした。彼はこの手製回転木馬で同年後半から観測を始め、１９３２年１月までに「どう見ても『空電』とは異なる一定の継続的な電波」が常に飛んできていることに気づいた。

そして1年間、ひたすら謎の電波を追い続けた。１９３２年といえば、ドイツでナチスが政権を奪取した年、ソ連で大飢饉が発生して農民が反乱を起こした年。ジャンスキーの仕事場から遠くないところでチャールズ・リンドバーグの息子が誘拐され、殺害された年でもある。世間的には物騒な年だったが、ジャンスキーにとってはこの1年が転機となった。年末までに答えが見つかったからだ。彼は季節をまたいで根気よく観察し、さまざまな可能性を一つずつ排除していった。8月31日には部分日食があったが、謎のノイズには何の変化もなかった。つまり太陽が原因ではないということだ。近くや遠くの雷雨によるノイズとも違っていた。そうなると、この地上に降り注ぐ電波は宇宙の彼方、天の川の中心部から来ていると考えるしかない。彼はそれを「星のノイズ」と呼んだ。

ジャンスキーの論文が発表されると、ニューヨーク・タイムズ紙（１９３３年5月5日付）は

「謎の電波、天の川銀河の中心部から」という見出しを掲げて報じた。誰もが首をかしげた。当時はまだ、太陽こそ天空で最大の電波源と信じられていた。ところが実際は銀河の中心からこの地上に、見えない光が降り注いでいるという。タイムズ紙は書いている。「こうした銀河電波が何らかの星間通信なのか、あるいは何らかの知的生命体が銀河内の誰かと交信を試みている証拠なのか……今は知る由もない」

ジャンスキーがいて座A*を発見したのではない。銀河の奥深くから強烈な電波を発している物体を見つけただけだ。それは画期的な発見だったが、当時の天文学者はほとんど関心を示さなかった。ジャンスキーの手製「望遠鏡」に写ったものはひどくぼやけていて、光学望遠鏡の向けようがなかったからだ。

その代わり、あるアメリカのアマチュア無線ファンが興味を示した。イリノイ州在住のグロート・リーバーだ。1930年代後半のことで、公共図書館に通い詰めて光学の本を読みあさり、普通の若者なら自動車の購入にあてそうな貯金をはたいて世界初のパラボラアンテナ式電波望遠鏡を実家の裏庭に作ってしまった。パラボラアンテナは巨大なディッシュ（皿）型で、ジャンスキーの用いた骨格型のアンテナに比べ、効率的に電波を集められる。ただし見た目は電波望遠鏡というより巨大な農機具。口径31フィート（約9メートル）のディッシュに針金を張り、木組みで支えていた。それでもジャンスキーのアンテナに比べたら解像度は抜群に高い。彼はこれを用いて宇宙の電波地図を作成し、太陽や天の川銀河だけでなく、遠いはくちょう座やカシオペヤ座から来る強い電波も記録した。数十年後にクェーサーと呼ばれることになる星からの電波だ。

　リーバーの成果で電波望遠鏡の威力は広く知られるところとなったが、学者たちはすぐに、本当に見たいものを見るには途方もなく巨大なディッシュが必要なことに気づいた。振動数の少ない（波長の長い）電波になればなるほど、その観測には巨大なディッシュが必要になる。なにしろ銀河の彼方から飛んでくる電波の波長は引き延ばされているので、その振動数は可視光線に比べると何百万分の一、いや何億分の一だ。これで光学望遠鏡の視力をしのぐには、比べものにならないほど巨大な望遠鏡を作らねばならない。そこで考え出されたのが電波の干渉を利用する手法だ。

　電波干渉法と呼ばれるのは、異なる場所に置いた2つ以上の電波望遠鏡で同時に同じ対象を観測し、得られたデータを合成する技術だ。こうすることで、異なる観測点の間の距離を口径とする超特大ディッシュと同じ解像度が得られる。異なる望遠鏡で得られたデータを合わせると互いに「干渉」するので干渉法と呼ばれる。得られた波が同期して（波の山と谷が合って）いれば、より大きな波ができる。これがポジティブな干渉だ。同期していなければ波は小さくなる。こちらがネガティブな干渉。ポジティブな干渉なら信号が強くなり、ネガティブな干渉ならノイズが消される。

　世界初の電波干渉計は第二次世界大戦後すぐにシドニー（オーストラリア）の海辺の断崖絶壁に作られ、アンテナで直接受信する電波と海面で反射されてくる電波の干渉を利用するものだった。その数年後、マーチン・ライル率いる英ケンブリッジ大学のチームが、数百メートル離れた電波望遠鏡をケーブルでつないで干渉計を作った。観測地点間の距離は「基線」と呼ばれる。基線が長ければ長いほどバーチャル望遠鏡の口径は大きいことになり、それだけ高い解像度が得られる。ケーブルで結べない距離の場合はマイクロ波でデータを送ることにしたが、それでも３００キロメートルくらいが限界だった。

１９６０年代に入ると、カリフォルニア工科大学のチームが５秒角の解像度をもつ電波干渉計を作った。これだと地球から見て太陽の直径の四百分の一まで識別できる。大きな進歩だが、まだ銀河の中心を見るには足りない。われらが天の川銀河の中心を詳しく見るには、どう計算しても地球規模の干渉計が必要だった。どうすればいいか。異なる大陸に電波干渉計を設置し、得られたデータをテープに記録したうえで、そのテープを観測本部に持ち帰り、慎重に再生してデータを記録し直す必要があった。そうすれば、海を越える規模の特大口径を持つ望遠鏡なみの観測データが得られる。

実は１９６０年代の前半に、ソ連の科学者たちも同様な試みに挑戦していた。しかし異なる地点で観測した信号を正確に記録し、後に再生して合成するには高速のテープレコーダーと厳密に正確な時計が必要だった。どちらの技術も彼らにはなかった。そうした技術は１９６０年代後半に欧米で開発され、アラン・ロジャースやバーニー・バークの率いるヘイスタック観測所を初めとする北米の３チームが「テープレコーダー利用の電波干渉計による観測」の一番乗りを競った。結果、どのチームも１９６７年に成功した。その後、基線はどんどん延び、１９６９年までには１万キロメートルを超え、スウェーデンとオーストラリアを結ぶまでになった。地球上ではほとんど限界に近い長さだ。ここまでくると単に「長基線」ではもの足りない。だから超長基線干渉計（ＶＬＢＩ）と呼ばれることになった。

科学者たちはＶＬＢＩの別な可能性にも気づいた。地球の超精密測定である。２台の電波望遠鏡を何千キロメートルも離れた場所に設置すると、同じ天体から出た電波の到達時間に微妙な差が出る。この時差を測定すれば、２台の電波望遠鏡の間の距離を正確に、ミリメートル単位で計算できる。しかもクエーサーは地球から遠く離れているので、地上との関係では不動のものと見なしていい。つまり天空に固定された点と考えていい。さて、同じクェーサーを同じ２台の電波望遠鏡で継続的に、何年かにわたって観測したとしよう。もしも電波到達時間の差が日によって異なるようなら、それはクエーサーが動いたのではなく、望遠鏡が動いたせいだと考えられる。地上に固定された望遠鏡がなぜ動くのか。地面、つまり大陸が動いているからだ。ＶＬＢＩのおかげで、「大陸は動いている」というプレート・テクトニクス理論の正しさが証明されたのである。ワーナー・イズラエルに言わせれば「ブラックホールと大陸の漂流。この２つの仮説の歴史には不思議な共通点がある。どちらについても１９１６年段階で一定の証拠がそろっていたが、その後半世紀にわたり、信じがたいというだけの理由で保留されてきた」。その停滞を打ち破り、どちらも真実と認めさせるのに一役買ったのが、この舌を噛みそうな名前の望遠鏡というわけだ。

＊　＊　＊

シェップの修業はヘイスタックの相関器室で始まった。窓のない大きな部屋で、高い天井には蛍光灯が並び、異なる望遠鏡で集めたデータを合成する専用のスーパーコンピュータ（当時はたぶん世界に3台しかなかった）が鎮座していた。相関機自体は壁一面にずらり並べた冷蔵庫大のキャビネットで、そのいくつかには磁気テープを巻いたタイヤ大のリールが再生装置にセットされていた。相関機のプロはDJよろしく、次から次とリールを回して磁気テープを再生し、みごとに同期させてマスター版を作り出す。観測所ごとに異なる電波到達時間のナノ秒（1秒の十億分の一）単位の遅延、観測点の緯度による微妙な違い、地球の自転に伴って観測点が電波源に近づく（あるいは遠ざかる）ことによるドップラー効果の影響などはスーパーコンピュータが処理するから、入力データに間違いがなければ、これで微妙に異なる複数の磁気テープが一本にまとまる。

この部屋で、シェップはVLBIの扱い方を学ぶことになった。当時は、これがけっこう手品めいていた。長い磁気テープを迷路のような巻き車に通してキャプスタン（テープの巻き軸）に留めるだけでも一苦労だ。相関機室を仕切るマイク・タイタスらの先輩たちから、シェップはこの職人芸を伝授された。再生したテープを巻き戻すときは、まず回転方向を逆にセットし、巻き取り用リールに静電気を帯びさせる。そして片手でテープの端を持って巻き車にきちんと通し、リールをゆっくり回すと、静電気でテープが空リールに貼りつく。このタイミングで真空室のドアをばたんと閉めるとスイッチが入り、空気が抜けてテープがぴんと張ったところで巻き戻しが始まる。

翌年の春には、待ちに待ったフィールドワークの機会が訪れた。向かった先はファイブカレッジ電波天文学観測所。ヘイスタックから南東へ約70マイル（110キロメートル）離れた森のなかにあり、クオビン湖に突き出た半島に乗っかっていた。この貯水池はマサチューセッツ州政府がスイフト川を堰き止めて作ったダムで、その建設は1936年に始まった。これにヒントを得たのがH・P・ラブクラフトの有名な短編小説「宇宙からの色」で、ボストンから架空の町アーカムの西方にある奥深い谷にやって来た測量技師が地元で聞いた「空から降ってきた災難」の話を書き留めるという設定だ。その話というのは……ある日、隕石が落ちてきて爆発し、奇妙な突然変異誘発物質がばらまかれた。すると甘いシロップの採れるメープルの木が枯れ果て、畑の作物も家畜も宇宙性の奇病に感染し、ついには住人も発病して正気を失い、死んでいく。この惨劇をもたらしたのは一種の地球外生物で、その特徴は「何とも言いがたい」色、「他に言いようがないので村人が『色』と呼んでいた」色とされる。シェップがこの地で集めた見えない電波も、たとえて言えばそんな宇宙色なのだろう。

　人里離れた観測所ゆえ、作業はもちろん泊まり込みだ。朝まで起きていて、磁気テープを2時間ごとに取り替える。そして水素メーザーという原子時計をチェックする。見た目はただの金属製の箱だが、その小さな開口部に歯科医が使うような鏡のついたスプーンを突っ込み、振動する水素原子の放つピンク・バイオレットの輝きを確かめる。それは絶対に狂わないメトロノーム。どの観測所に置いた原子時計も完全に同じ時を刻んでいなければならない。そうでないと、得られたデータを後で合成できない。

大事な仕事だが素敵に退屈で、やたらとストレスが多い。決められた時間に決められたクェーサーに望遠鏡を向けなければいけないし、磁気テープが切れる前に次のテープを用意しなければいけない。でもシェップはそんな仕事が好きだった。はるか彼方の不思議な事象を追いかけるのだから、知的かつ肉体的なハードワークも苦にならない。それに、見知らぬ土地への旅も究極の孤独も望むところだった。

その1年後、いよいよいて座A*との出会いが訪れた。サブミリ波に挑戦する前段階として、まず波長3ミリメートルの電波で銀河の中心を観測する計画が始動したからだ。その後の25年間、この観測が彼の生活のリズムを刻むことになる。北半球でこの星が見えるのは1年に数週間だけ。しかも天候に左右される。季節は3月の後半から4月の初めにかけて。だからシェップとその仲間たちにとって、春は巡礼の季節となった。その1回目、観測を終えた彼らは大量の磁気テープをヘイスタックの相関機室に持ち帰った。待ちかまえていたマイク・タイタスが手際よくデータを同期させた。結果を見て、全員の確信が強まった。いて座A*の核にある重力源はすごく小さい、こいつはブラックホールに違いないぞ。

6

1995年6月8日
マサチューセッツ州ケンブリッジ
ハーバードスクェア

卒業の日には家族全員がボストンに集まった。なんと「生物学上の父」アレンもやって来た。その日、シェップはみんなを連れて街へ出て、ハーバードスクェアの書店に立ち寄った。卒業式でかぶる帽子をピックアップするためだ。店に入ったのは彼と母、そして祖母のナナ。なにげなく店内をぶらついていたシェップは、次の瞬間に式のことなど忘れてしまった。そして本を探すふりをして、一人の女性をじっと見つめた。二人の間を隔てるのは、新刊のペーパーバックや話題の本を山積みにした低いテーブルのみ。こういう場合、書物というのは声をかける絶好の口実となる。

「それで、ぼくが読むべき本はどれ？」

彼女の名はエリーサ。エリザではなくエリーサ。姓はワイツマン。肌は白くて、きつく巻いた髪はダーク。ハーバード・カレッジを卒業するいとこにプレゼントする本を探しているところだった。彼女は無視するつもりで眼を細めたが、シェップと顔を合わせた瞬間に、キュートな人だと思った。彼のへたな台詞も、まあチャーミングに思えた。

大学町のケンブリッジでは、まず相手の在籍する学校名を聞くのがルールだが、その前にブルックリン訛りの老婦人が寄ってきてシェップの腕をつかみ、引っ張った。「早く行きましょ、式に遅れちゃうわ」。しかしシェップの母は、こういう場の空気を読む能力に秀でていた。だからわざと大声で祖母に呼びかけた。「ママ、邪魔しちゃダメよ。そっとしといて」。おかげで二人はその場で電話番号を交換できた。

エリーサの記憶によれば、つきあい始めたころの二人はよく笑った。どうでもいいことで笑い転げた。笑いが勝手に増幅し、どうして笑い始めたのかを忘れても笑いが止まらなかった。二人には共通点がたくさんあった。どちらも、宗教にはほぼ無関心なユダヤ系。どちらも早熟で、けっこう変わり者。エリーサはニューヨーク州北部の生まれで、中産階級の家庭の長女。両親の祖先は、ロシアとリトアニアからの移民だった。2年の飛び級で高校を終えたとき、学校の進路相談員は途方に暮れたが、彼女がアメリカのいわゆる「名門大学」に向かないことだけは確信していた。それで彼女はイスラエルに渡り、エルサレムでの研修に参加。帰国後、自ら緑色のインクでブランダイス大学への願書を書いた。友人の姉がいた学校だ。他にはどこへも願書を出さなかった。

シェップ同様、エリーサも科学者だった。ただし宇宙の果てを探るのではなく、地上の疫病と戦うのが任務。1990年代前半にはUSAID（米国際開発庁）に雇われて、中米ハイチや南米ボリビアのスラム街で公衆衛生の仕事をした。帰国してからはボストンにある公共政策のシンクタンクに入り、各地の貧しいコミュニティに出かけて行って、麻薬常用者やセックス産業で働く人たちにコンドームの使用やＨＩＶ（ヒト免疫不全ウイルス）検査の必要性を説いてまわった。

夏が終わるまでに、二人は互いの進路を決めた。決め手はモビリティ。シェップには日本から誘いがあった。乗り気だったが、エリーサは動けない。すでにハーバードの公衆衛生大学院で博士課程に入っていたからだ。それでシェップはヘイスタックに残り、１年かぎりの職に就いた。契約更新の保証はなかったが、高周波ＶＬＢＩ（超長基線干渉計）の完成にかける情熱では誰にも負けない。だから1年後には3年契約のポスドク（博士号取得済み）研究員に昇格し、ケンブリッジにアパートを借りてエリーサと暮らし始めた。

ポスドク研究員の期限が切れた１９９８年、シェップは正式にヘイスタックの研究員として採用された。そしてアラン・ロジャースからバトンを渡され、高周波ＶＬＢＩ研究のチームを率いることになった。エリーサとの婚姻届も出した。もう放浪生活も研究所を渡り歩く日々も終わりだ。ちょうどそのころ、シェップの周辺は騒がしくなってきた。彼ならばつかめそうなチャンスが近づいていたからだ。

１９９８年９月７日
アリゾナ州タクソン

シェラトン・エルコンキスタドールはアメリカ南西部の典型的なゴルフ・リゾートだ。漆喰の壁に赤いタイルの屋根、目に痛いほど鮮やかな緑の芝生。そしてコバルトブルーの空。そんな場所に、日ごろ銀河の中心をのぞき込んでいる61人の科学者が集まった。「セントラル・パーセク（パーセクは天文学で用いる距離単位）」カンファレンスだ。

みんなが最新の研究成果を持ち寄るこうした会議では、おのずから発表の順番が決まる。この年の主役は、赤外線による天体観測で互いに競い合うアメリカとドイツのチームだった。赤外線は可視光線よりもわずかに波長が長い程度で、電波と同様に銀河の中心部を取り巻く塵のベールを突き抜けることができる。赤外線でいて座A*周辺の星の動きを観察する研究は１９９０年代の前半から始まっていた。そしてこの日、驚くべき発表があるはずだった。

ドイツのチームを率いるのは、マックス・プランク地球外物理学研究所のラインハート・ゲンツェルとアンドレアス・エッカート。アメリカ側の代表はカリフォルニア大学ロサンゼルス校の教授で33歳のアンドレア・ゲズ。どちらも最新鋭の光学望遠鏡を高地に据え、赤外線カメラを装着していた。どちらのミラーも可動式で、コンピュータ制御で1分間に何千回も角度を調整しながら観測する。そうしないと地球の大気の微妙な変動（ゆらぎ）による影響で、見たいものが見えなくなるからだ。ゲンツェルとエッカートは１９９２年からこの技術を使って、いて座A*から光日単位の距離を周回する星の観測を続けてきた。そして数年後、これらの星の軌道の中心に小さくて暗い物体があり、公転速度は秒速１０００キロメートルを超えることを突きとめた。銀河の中心からもう少し遠い軌道を回る他の星々より、10倍も速いことになる。

　この日の朝、両チームはそれぞれの成果を発表し、こう言った。この星たちは時速何百万キロメートルのスピードでいて座A*のまわりをブーメランのように飛び交っている、まるで見えない太陽のまわりを回る惑星だ！　それはいて座A*が巨大ブラックホールであることを示す、当時としては最高の証拠だった。

　ＶＬＢＩの出番はランチの後だった。このときの会議では脇役だったからだ。もちろんヘイスタックだけでなく、どこでもミリ波観測の実現に向けて着実に歩を進めてはいた。しかしそれは地道な作業の連続で、聴衆を驚かせるような新発見があるわけではなかった。ひたすらいて座A*を取り巻くベールの抜け道を探す日々。それでも正しい方向に望遠鏡を向け、正しい波長で観測すれば必ず天の川銀河の中心にあるブラックホールが見えると信じていた。シェップとドイツ人のトマス・クリヒバウムは翌年に大がかりなミリ波観測を計画していた。タクソン市内から2時間ほどのマウントグレアムにある電波望遠鏡とヨーロッパにある複数の望遠鏡を結び、せめていて座A*の姿だけでもとらえること。それが目標だった。しかしまだ机上の空論であり、その日の午後エルコンキスタドールの会議室にいた専門家のほとんどは、たぶん新世代の観測施設ができるまで大きな進展はないと考えていた。みんなリアリストだった。確かに新世代天文台の建設はハワイやカリフォルニア、メキシコ、チリなどで始まっていた。しかし完成までには何年もかかるし、建設費も莫大だ。

そして工事は必ずしも予定どおりに進んでいなかった。

シェップたちの漠然とした、どう見ても決定的とは言えない発表が終わると、当然のことながら議論は次世代望遠鏡の話に移った。トマス・クリヒバウムは、ＶＬＢＩで新しい望遠鏡を結べばいて座A*の事象の地平まで見えるはずだと力説した。「理論的には」と彼は言った。「あと数年で可能になるはずだ。あのブラックホールの周辺エリア、可能なかぎりあのブラックホールに近づいた画像が撮れるはずだ」

質疑がしばらく続いた後、ハイノ・ファルケと名乗るドイツの天体物理学者が発言を求めた。物腰は柔らかで英語も達者な男だが、すごく早口だった。「本当に迫っているんだ、あのブラックホールに、この波長で」

もう少し具体的に、と誰かが言った。

「解像度（分解能）が上がれば」とハイノは答えた。「あの光り輝く部分のなかに、文字どおり『黒い穴』が写るはずだ」

その当時、ブラックホールが文字どおり「黒い穴」に見えるという確証はなかった。もちろん、アーチストの描いたブラックホールの想像図はあった。美術館を埋め尽くせるほどあった。しかし誰も、科学的に正確なブラックホールの見え方を描こうとはしなかった。本物が見えるのは遠い先の話。そう思っていたからだ。

しかしジェームズ・バーディーンは違った。1973年に理論的な予測として、しかるべき条件（ブラックホールが巨大で明るい物体、たとえば星の前面を通過するとか）が整えばブラックホールのシルエットが見えるという解を導いた。当時の彼はイェール大学の若き物理学者で、偉大な父ジョン（生涯にノーベル物理学賞を2度受賞した唯一の人物）の巨大な影《シャドウ》から抜け出そうとあえいでいた。だから複雑な方程式に挑戦し、ブラックホール近辺で光がどう動くかを計算して、もしもブラックホールが巨大な星の前面を通過することがあれば、その星の表面を移動していく黒い輪が見えるという答えを得た。「残念ながら」、とバーディーンは結論部分で書いている。「（今のところ）それを観察する術はないように思える」

その数年後（1979年）、フランスの物理学者ジャンピエール・ルミネが同じような計算をした。ただしブラックホールが外部の光源（星など）の前を通るというシナリオではなく、ブラックホールが自身の降着円盤の輝きに照らし出されたらどう見えるかを考えた。ブラックホールは通常の天体と違って「表面」がないから、そこに差す光を反射しない。ルミネによれば「光線の向きを変えるのはブラックホールの〈重力場〉だ。「光線の放たれる方向は表面に当たって変わるのではなく、重力場によって曲げられる」。この強力な重力場が奇妙な、遊園地にある「鏡の迷宮」みたいな効果をもたらすことにルミネは気づいた。お馴染みの土星の環の写真を思い浮かべてほしい。この環は土星をぐるっと一周しているが、写真で見えるのは一部だけ。カメラの正面に来た部分だけだ。しかしルミネの計算によると、ブラックホールの見え方はまったく違う。「最初に驚いたのは、降着円盤の〈環の上側のすべてが、ブラックホールの正面だけでなく〉、ふつうなら見えないはずの〈裏側まで見える〉ということだ……」とルミネは書く。「もっと驚いたのは、ブラックホール周辺の時空のゆがみのおかげで、円盤の〈下側〉まで見えるということ。これは〈二次的〉な画像だ。こうして降着円盤の表も裏も観測できる！」。この二次的画像は重力のおかげ（重力レンズ効果）で得られ、増幅されたもの。実際、「無限の画像だ。ブラックホールの重力場を脱出するまでに、降着円盤から出た光線はそのまわりを何度も何度も周回するからだ。遠く離れた天文学者はその様子を目にすることになる」。ルミネは自ら数値をパンチカードに打ち込み、コンピュータにかけてこの計算をした。そして結果を自らの手で描いた。そのモノクロの描画は、たとえて言えば真っ黒な土星のまわりを、とろけたキャラメルみたいにくねくねした降着円盤の環が囲んでいる感じ。後にルミネは19世紀のフランス詩人ジェラール・ド・ネルヴァルの「オリーブのキリスト」の一節を英訳し、ブラックホールをのぞくのはこういう体験だと説明している。

神の目を探して私が見たのは　たった一つの眼窩
広大で黒くて底なしで　そこから先には夜が住む
それは世界を照らしつつ　厚みを増していく
奇怪な虹が　この暗い井戸を囲う
古《いにしえ》の混沌の境界　そこから影が生まれた

渦が幾多の　世界と昼を呑み込む

ハイノ・ファルケはルミネの論文を知らなかったが、1990年代前半にボン大学の院生だったころにバーディーンの論文を見て、それが心のどこかに引っかかっていた。そして電波天文学者がいて座A*のベールを突き抜けようと奮闘していた1990年代を通じて、そこにある物体がどう見えるかを、バーディーンの方程式を用いて考え続けた。

タクソン会議の翌年、ハイノはアリゾナ大学に客員教授として招かれ、いて座A*の専門家であるフルビオ・メリアとチームを組んだ。メリアは1990年代の半ばに、ジャック・ハリウッドという名の学生と一緒に独自のシミュレーションを行い、ブラックホールの描像に迫っていた。ただしそれは予行演習だった。その後の技術の進歩を踏まえ、ハイノとメリアは物理学者のエリック・エイゴルも仲間に加え、いよいよ本格的な研究に乗り出した。バーディーンの予測したようなブラックホールを目にする現実的な可能性を見きわめるためだ。

すでにエリック・エイゴルは相対論的光線追跡コードと呼ばれるソフトウェアを開発していた。相対性理論で予言された重力の影響によって光の進路がどのように変わるかを厳密に予測するプログラムだ。3人はこれを用いて、地球規模のVLBIの目にいて座A*がどう映るかをシミュレートした。すると、事象の地平と形は同じだが10倍も大きい境界が見え、その端っこでは重力圏を脱出できない光が完璧な円を描いて渦巻き，光の環として見えることが分かった。光の環の内側は闇だ。

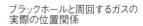

ブラックホールの影

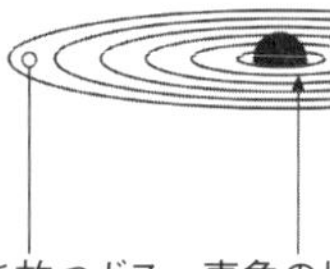

ブラックホールと周回するガスの
実際の位置関係

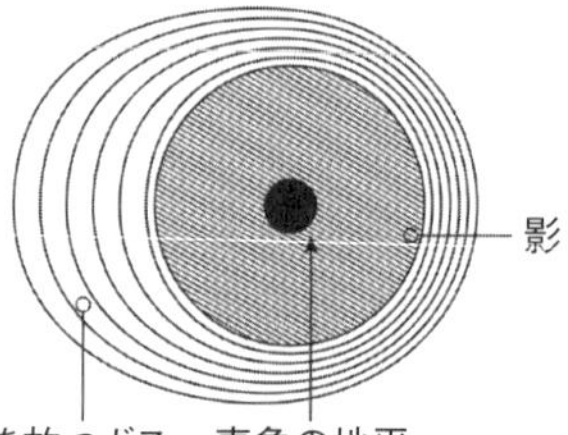

ブラックホールと周回するガスの
見かけの位置関係

それはブラックホールが自らの周囲に投げかけた影《シャドウ》。その影の大きさはブラックホールの質量に依存する。観測精度の向上で質量の推定値は刻々と書き替えられているが、影の直径はおよそ５０００万キロメートルと考えられる。地球といて座Ａ*の距離を考慮すると、このサイズの観測には月面に置いたドーナツを地上から見分けるくらいの視力が必要になる。地球規模のＶＬＢＩなら、そして波長１ミリメートル前後の電波を使えば、どうにか達成できる視力だ。

この影を地上から見るためには、いくつかの条件がそろわねばならない。まず、地球の大気が十分に澄み切っていて、ブラックホールの端から放たれた波長１ミリメートル前後の電波が地上に到達できること（他の波長の電波はブロックされてもいい）。次に、ブラックホールを覆うベールも機嫌がよく、この波長の電波を通してくれること。そして最後に、ブラックホール周辺のガスもこの波長の電波を邪魔しないでくれること。この３条件がそろうのは地上で皆既日食が見られるのと同じくらいの偶然だと、後にフルビオ・メリアは語っている。たまたま月があの大きさで、あの軌道を通り、あれだけ地球から離れているからこそ太陽をすっぽり隠すことができる。別に因果関係はないのだが、ファルケ＝メリア＝エイゴルが予測したブラックホールの影の描像も皆既日食にそっくりだ。メリアは必ずしも神を信じるタイプではないが、こう思わずにいられなかった。こんな偶然が重なるとすれば、それはブラックホールが自らの影を見せたがっている証拠ではないのか。天の采配で、人類はついに、最も手近な宇宙の出口を見ることになるのだ。

ファルケ＝メリア＝エイゴルは２０００年１月１日付の天体物理学ジャーナルレターズ誌に連名で論文を発表した。ファルケの属するマックス・プランク研究所も同時にマスコミ発表を行い、「ブラックホールの『影』の最初の画像がまもなく得られる可能性あり」とした。「あとわずかの進展」があれば、「数年以内」にも可能だと。

7

「あとわずかの進展」があれば「数年以内」にも。それはマスコミ発表によくある誇大広告だったが、それでも世紀の変わり目をはさむ時期の学術文献に目を通せば、科学者たちがこの新たな目標にじわじわと近づいていた気配を読み取れる。２０００年１月７日付のサイエンス誌には、天文学者がいかにして天の川銀河の中心にある巨大ブラックホールに迫っているかを紹介する熱い記事が載った。２００２年までにはシェップも地球規模のＶＬＢＩ（超長基線干渉計）でいて座A*を撮影する方法を図解したチャートを用意し、論文やスピーチで使っていた。その年、彼とトマス・クリヒバウムはアリゾナとスペインの電波望遠鏡を結び、波長２ミリ㍍の電波による観測に取り組んだ。目指す波長１ミリ㍍まで、あと一歩。この話を嗅ぎつけた米ＣＮＮ電子版は「最新の望遠鏡は地球大」という見出しで報じた。

２００４年３月、ウエストバージニア州グリーンバンクでいて座A*発見30周年を記念する会議が開かれた。席上、シェップとハイノ、そしてカリフォルニア大学バークレー校の若き天文学者ジェフ・バウアーはブラックホールの「影」をとらえる大規模プロジェクトを発表した。まずはジェフが「事象の地平へのロードマップ」と題するパワーポイントを立ち上げた。しばらく前にＶＬＢＡ（超長基線望遠鏡群＝アメリカ各地の電波望遠鏡を結んだ常設観測網）で波長７ミリ㍍の電波を使い、いて座A*を覆う「散乱スクリーン」の突破に成功していたから、ジェフは意気盛んだった。当時の彼にとっては学者人生で最大の業績だったが、ブラックホールを見るのに必要とされる波長１ミリ㍍にはまだ遠い。しかし来年までにはハワイとアリゾナ、そして南米チリの望遠鏡を結べるし、年を追うごとに増やしていける。そうすれば２００９年までには史上初のブラックホール写真が撮れるだろう。ジェフはそう言った。続いてハイノが立ち、このプロジェクトの深い意義を説明した。これはアインシュタインの一般相対性理論を宇宙の果てで証明する試みだが、それだけではない、もっとすごい発見につながるかもしれないのだと。

当時、いて座A*はブラックホールだと誰もが考えていたわけではない。そもそもブラックホールの存在を疑う人もいたし、いて座A*は「巨大ボソン星」と呼ばれる仮説的な天体（中性子星とブラックホールの中間的な性質を持つ星。量子力学的な予測から物質的な表面はないが事象の地平もなく、特異点もないとされる）だと考える人もいた。自分たちは巨大ボソン星がどんなふうに見えるか知らないが、とハイノは言った。仮にいて座A*がブラックホールでないとすれば、私たちはまさしく巨大ボソン星を見ることになるだろう。

最後に立ったのがシェップ。このプロジェクトの実現に欠かせない大事な仕事の話をした。電波天文学の仕事につきものの困難を説明するとき、よく引き合いに出されるのは次のような事実だ。今までに建設されたすべての電波望遠鏡が集めた光子を全部（太陽から来た電波を除く）合わせても、そのエネルギーは雪の結晶一つを溶かすにも足りない。この希薄さを補うには可能なかぎり多くの光子を集めなければならず、そのためにはできるだけ大きな望遠鏡が必要だ。こうした望遠鏡は巨大な建造物であり、ここグリーンバンクにあるロバート・C・バード望遠鏡の高さは（ロンドンの）セントポール大聖堂のドームを１２０フィート（約37メートル）も上回る。しかし、これでも高周波（短波長）の電波は扱えない。高周波の電波を観測できるほど滑らかな鏡面を持ち、正確で、観測に適した場所に据えた望遠鏡は、まだないに等しい。
電波望遠鏡のディッシュ状鏡面には金属製のパネルがぎっしり敷きつめられていて、どのパネルも寸分の狂いもなく磨き上げてある。波長1ミリメートルの電波を正確にとらえるには、20分の1ミリメートル程度の傷や凹凸も許されない。十分なお金があれば、もっと滑らかでもっと大きな鏡面も作れるが、十分な資金があった試しはない。

　高周波帯の電波には別な困難もある。まず、解像度（分解能）を上げるには望遠鏡をできるだけ正確な方角に向けなければならない。ノブやダイアルを慎重に回せば済む話ではない。巨大なディッシュを回し、角度を変えてやるには高価な電動式の装置が必要で、高い耐久性と精密さが求められる。しかし予算がないので、たいていの電波望遠鏡にはそういう装置がない。しかも巨大ディッシュは、動かしたり角度を変えたりすると微妙にゆがむ。現地の気温や観測時刻によって伸びたり縮んだり、曲がったりもする。個々のパネルを常時監視して微調整するコンピュータ制御の装置を何千個も用意すれば長時間の観測に対応できるが、これもまたひどく費用がかかる。そんな事情で、いまミリ波／サブミリ波の観測に対応できる電波望遠鏡は十分に大きくない。口径はせいぜい6メートルか8メートル、よくて10メートルだ。

　お金だけではない。運よく資金を調達できれば、VLBAなど既存の電波望遠鏡ネットワークをアップグレードし、電動式の運転装置を取りつけることもできる。しかしそれでも高周波帯の電波は扱えない。場所が悪いからだ。われらが地球の表面は宇宙から来るマイクロ波の観測には向かない。大気中の水蒸気によって吸収されたり散らされたりするからだ。低周波の電波なら雨天でもどうにか観測できるだろうが、高周波の電波望遠鏡はできるだけ高く、できるだけ乾燥した場所に設置しなければならない。そういう適地は、この地上にそう多くない。高周波の電波観測所に適した場所は、非常用の酸素タンクが必要なほどの標高で、かつ高層ビルを建てられるほど広くて平坦な土地だ。アクセスも大事で、どんなに曲がりくねっていてもいいから車で頂上まで行ける道路が必要だ。治安がよくて友好的な国にあることも大事。運び込む機器には最先端の、そして軍事目的に転用可能なものも多く含まれるからだ。たとえば水素メーザー原子時計は、今もアメリカ政府の許可がなければ国外へ持ち出せない。

現時点（2004年3月）で、とシェップは言った。ハワイとチリ、メキシコでは待望の高周波電波観測所が完成に近づいているが、まだ完成してはいない。それに、完成してもすぐに運用を始められるわけではない。VLBIとして運用するには追加的な改良が必要だ。その程度は場所によって異なるが、少なくとも原子時計を置かなければならず、信号処理やデータの高速記録装置も必要で、その設計はまだ終わっていない。新しい機器を設置し、望遠鏡と連動させる作業にも時間と莫大な費用がかかる。早くても数か月、もしかすると年単位の作業になる。

しかし、とシェップは強調した。技術革新のスピードを考慮する必要もある。「ムーアの法則」だ。インテルの創業者ゴードン・ムーアが提唱したもので、集積回路のパワーは2年ごとに2倍になるという。つまりコンピュータはどんどん安く、どんどん強力になる。iPodをどんどん進化させているのと同じ技術革新が、きっと高周波天文学も変えてくれるはずだ。

もちろんムーアの法則で観測所の建設工事が加速されるわけではなく、10メートルの望遠鏡の性能が10倍になるわけでもない。しかし助けにはなる。天体観測では、どれだけの光を効率的に集められるかで勝負が決まる。だからディッシュは大きいほうがいい。大きければより多くの光を集められ、見えにくいものも見えてくる。小さなディッシュでも、「積分時間」を長くすれば感度を上げられる。ふつうのカメラでも、シャッターを開放して露光時間を長くすれば暗い場所でも写真を撮れる。それと同じだ。しかし高周波の電波は地球の大気の影響を受けやすいから、積分時間を長くしても、揺れる水槽越しに撮った長時間露光の写真みたいなものしか得られない。それでもムーアの法則が有効ならマイクロチップの価格は下がり、性能は向上していく。大容量のハードディスクがあれば、もう手作りの信号処理装置や遅くて扱いにくい磁気テープは不要になる。処理速度と記録容量が上がれば、既存の小さなディッシュでも高周波の電波を扱えるようになるだろう。そうやって多くの周波数帯に対応できれば既存の望遠鏡の感度も上がり、いて座A*を見るのに役立つ。シェップはそう期待していた。

＊　＊　＊

そんなデジタル時代の新兵器がようやく使えるようになったころ、シェップの背中を押す論文が出た。CfA（ハーバード・スミソニアン天体物理学センター）の大学院生シェン・チーシァン

（沈志強）が、数年前にＶＬＢＡでいて座Ａ*を観測した結果をネイチャー誌に発表したのだ。彼の観測チームはいて座Ａ*の周辺に誰よりも深く入り込み、その中心部に接近していた。この発表を受けてニューヨーク・タイムズ紙が掲げた見出しは、「あと一歩でブラックホールが見えると天文学者が発表」。この時点までのシェップは自分のペースで淡々と、とくにスポットライトを浴びることもなく、目標に向かって歩を進めていた。しかし、これで競争に火がついた。タイムズ紙が指摘したように、そしてシェップが熟知していたように、ブラックホールの影を本当に見るにはもっと高周波の電波を扱える望遠鏡が必要だった。「あと一歩」は言いすぎだ。しかし、うかうかしてはいられない。

それでシェップは、とくに意識していたわけではないが、自分のチーム作りに取りかかった。最初に巻き込んだのはジョナサン・ワイントラウブ。当時のジョナサンはＣｆＡ傘下のＳＡＯ（スミソニアン天体物理観測所）にいた。ＳＡＯがあるのはハーバードスクエアの西に位置する「観測の丘」で、昔の講堂や学外施設を改造して使っていた。電波天文学者の常として、ジョナサンの研究室も象牙色のレンガ造りの建物にあり、コンコード街に面するその敷地はＣｆＡが教会から借りていた。彼の仕事は、ハワイのマウナケア山頂で建設の進む高周波観測所ＳＭＡ（サブミリ波望遠鏡群）を支援することだった。ＳＭＡは、当時の同じサイズの望遠鏡に比べて30倍の解像度を持つはずだった。当時のジョナサンは40代前半で、気のいい男。髪は縮れて、ビーチが似合いそうなタイプだった。みんなには「ジョノ」と呼ばれていた。ちょっと気取った発音で、たいていの人は彼をイングランドの人間と思い込む。つきあいは悪くないが、余計なことには興味なし。彼が家族でボストン郊外に引っ越してきたころ、ある隣人がビールでも飲みにいこうと誘った。そのときの彼の答え。「あいにくですが、社交には興味がなくて」

ジョナサンが南アフリカを離れたのは1986年、徴兵を逃れるためだった。彼は生まれたときからずっと、ケープタウン郊外の高級住宅地キャンプスベイにある実家で暮らしていた。家を出る理由はなかったが、ちょうど工学の修士課程を終えたところで、徴兵に引っかかった。学籍がなければ徴兵は猶予されない。やむなく陸軍の研究所を志願したが、配属されたのは歩兵隊。当時の状況だと、黒人居住区への出動を命じられ、住民を撃ち殺すことになりかねない。そんな自分を見たくないからニューヨークへ逃げた。それでもこまめに手紙を書き、自分が国外に居住していたことを証明できるようにしておけば、いつか平和が訪れたら祖国に戻れるし、徴兵忌避の罪に問われることもない。彼はそう考えていた。

渡米後、最初はニューハンプシャー州の会社に職を得た。商船向けに水深を測るソナーを作っている会社だった。しかし知り合いはまったくいない。退屈なので、ボストンに行こうと思い立ち、職を探し始めた。しばらくすると人を介して、ハーバード大学の高名な電気工学者ポール・ホロウィッツを紹介され、その下で博士号の取得を目指すことになった。当時のホロウィッツ教授は地球外生物からのメッセージを受信できる装置の開発も手がけていたので、ジョナサンも自然と天文学の道に足を踏み入れることになった。シェップが声をかけてきたとき、ジョナサンはSMAで使う相関器（マウナケアにある8つの電波望遠鏡で集めたデータを合体させる装置）を完成させ、次のプロジェクトを探しているところだった。

シェップとジョナサンは、個性も仕事のしかたも対照的だ。シェップは巻きが強くて押しも強い一点突破型。やるときは爆発的にやり、徹夜も辞さない。森のキツツキに似て、目の前のタスクに集中して頭をがんがんぶつけ、終わったら次のタスクへ飛び移る。対するジョナサンは冷静沈着でシステムを重んじる。工学のプロだから、いろいろな仕事を手際よく進める術も心得ていた。

コンコード街をはさんでジョナサンの研究室の向かい側にも助っ人がいた。こちらは斬新な理論と最新のスーパーコンピュータで武装した天体物理学者たちで、いて座A*のモデルづくりに取り組んでいた。リーダー格はラメシュ・ナラヤン。博識な男で、ブラックホールの「降着」現象に、つまりブラックホールの食生活と、その食欲が周囲に及ぼす深刻な影響に興味を抱いていた。1997年にはいて座A*の最大の謎の一つを解く仮説を発表した。いて座A*はなぜ「暗い」のか。銀河の中心部は大量のガスや塵《ちり》、星で満たされているから、その真ん中にいる巨大ブラックホールが餌に困る心配はない。そして巨大ブラックホールがどん欲に物質を吸収しているのなら、もっと明るく輝いていい。クェーサーほど明るく見える必要はないが、ふつうの星の10倍程度の明るさというのはおかしい。計算上、いて座A*の明るさは一般の星の1万倍以上でなければならない。しかし、とナラヤンは考えた。いて座A*が想定よりも暗いのは、まさにそれが巨大ブラックホールであるからだ。光となって放出されるはずのエネルギーの多くがそこに吸い込まれ、事象の地平の彼方に消えているからだと。

ナラヤンのまわりには優秀な院生やポスドク研究員が集まっていた。後にシェップのチームに加わることになるチャールズ・ガミーやディミトリオス・プサルティス、フェリャル・オゼルもいた。そしてエイビ・ロウブが立ち上げた理論計算研究所にはアベリー・ブロデリックというポスドク研究員がいて、いて座A*の活動性（おとなしく輝いているだけでなく、常に変化しているという事実）を証明するシミュレーションに着手していた。実際、望遠鏡の進化に伴って赤外線やＸ線の放出が確認されていた。中には数秒しか続かないものもあり、どうやらブラックホールの端から出ているらしかった。

シミュレーションを重ねた末に、アベリーたちはこう考えた。巨大ブラックホールを高速で周回する物体は摩擦熱で超高温になり、爆発して多くの塊（ホットスポット）ができる。ホットスポットはそのまま何度か周回を続けてから粉々になる。Ｘ線は、その周回中のホットスポットが発しているのではないか。この仮説から導かれるホットスポットの周回速度は驚くべきものだった。一周２４００万マイル（約３８００万キロメートル）のサーキットをわずか４分。これは現場の時空がゆがんでいて、いわゆる「慣性系の引きずり」が起きていると考えるしかない。自分たちの考えを検証するため、彼らはスーパーコンピュータを用いて現場の様子を描いてみることにした。

ブラックホール降着のシミュレーションは地獄の天気図を描くのに似ている。重力が極限まで強くなると、アインシュタインの方程式は意味を変える。アインシュタインが示したとおり、質量はエネルギーの別な形だから、質量が空間をゆがめるなら、エネルギーも空間をゆがめる。そのエネルギーとは何か。重力そのものだ。そう、重力はさらなる重力を生み出す。そんなシステムの動きを予測するには膨大な計算が必要となるが、演算速度の上昇と新たなアルゴリズムの登場によって、どうにか絵を描けるところまできた。アベリーらがシミュレーションを実行すると、ゆがんだ万華鏡の内側を見ることができた。そこでは光り輝く不定形の塊がブラックホールの周囲を飛びまわり、重力レンズ効果でゆがめられていた。もしも天文学者がいて座A*を至近距離で観測できれば、光り輝く物体やエネルギーが渦を巻いてブラックホールに呑み込まれていく様子を見られるだろう。アベリーらはそう考えた。近くに行くのは無理でも、十分な性能をもつ望遠鏡があれば、膨大な画像を集めてアニメに仕立てられるかもしれない。

ある日のこと、ＣｆＡにあるエイビ・ロウブ教授の優雅な研究室で、アベリーはシェップに自分たちのシミュレーション結果を詳しく説明した。聞き終えたシェップは、自分がやろうとしているのはまさにそれだと応じた。アベリーの体格はシェップの2倍ほどあった。巨漢だが好青年、顔にはそばかすが残り、茶色の長髪をポニーテールにしていた。二人はじっくり話し込んだ。シェップはどんどん熱くなる。アベリーは思った。どうやら大仕事らしいな。しかし地球規模の望遠鏡観測網ってのはずいぶん前からあるぞ。なのになぜ、まだ誰もブラックホールを見ていないんだ？

いて座A*への道はマウナケアの山頂から始まった。そこには3つの高周波電波観測所があった。

シェップはそのうちの１つを借りて、前人未踏の波長１・３ミリメートルでいて座A*を観測するつもりだった。ベールを突き抜けるのに必要な１ミリメートルまで、もう少しだ。できればＳＭＡを使いたかったが、まだＶＬＢＩのネットワークに組み込む準備ができていなかった。計画を１年か２年遅らせてＳＭＡを使う選択肢もあったが、待つのはシェップの性に合わない。次善の選択肢はＳＭＡのすぐ近くにあるＪＣＭＴ（ジェームズ・クラーク・マックスウェル望遠鏡）。それもダメなら、いささか年代物で頼りないがＣＳＯ（カリフォルニア工科大学サブミリ波観測所）を使う。

　結局、シェップが借りられたのはＣＳＯだった。共同で観測するチームはアリゾナ州マウントグレアムのハインリッヒ・ヘルツ天文台にいた。最初のよく晴れた晩、天の川が太平洋の空に浮かぶ時間帯をねらって、ハワイのシェップとマウントグレアムの観測チームは同時に、事前に用意したコンピュータ・プログラムを立ち上げた。約５０００マイル（８０００キロメートル）離れた2台の電波望遠鏡が同時に作動し、夜空を行くいて座A*の追跡を始めた。

　何度かの夜間観測を終えると、彼らは大事なデータを抱えてボストンに舞い戻った。観測中には何の問題もなかったが、相関器にかけてみるまで結果はわからない。たとえて言えばＶＬＢＩのシステムは昆虫の複眼みたいなもので、個々の観測者は複眼を構成する無数のレンズの１つにすぎない。個々のレンズの作動はリアルタイムで確認できても、それがシステム全体でどんな画像を描き出すかはわからない。もしも何らかの理由で相関が取れなければ、一枚の画像も得られない。

　ヘイスタックに戻った彼らは3か月間、ハワイとアリゾナで得たデータの相関処理に没頭した。

実を言えば、望遠鏡が2台ではなく3台だったら、作業はずっと容易だったはずだ。どこかにトラブルがあっても消去法で問題を特定できる。もしもAとBの相関が取れず、しかしBとCはOKだとすれば、問題はAの望遠鏡にあると考えていい。しかし2台だけだと、手がかりがない。

手がかりがないまま、彼らは試行錯誤を続けた。そしてある日、誰かがハワイの望遠鏡のレシーバーを分解してみたら、集積回路のボードの一部が壊れていた。すべての努力が無駄になった。

＊　＊　＊

このころまでに、シェップとエリーサは二児の親になっていた。男の子と女の子だ。しかしやたらと出張が多く、妥協を知らない学者夫婦が人手を借りずに子育てをするのは不可能に近い。子どもを預けるられる親戚も、近くにはいない。そしてエリーサは、子育てを他人にまかせるタイプではなかった。野心家の学者が集まるボストン郊外で、彼女は家庭崩壊の例をいくつも見てきた。だから迷いはなかった。ある日のこと、泊まりがけの出張から戻った彼女に息子が言った。「あのね、ママがいない日はずっと、ディメンターが襲ってきてママが殺されちゃう日のハリー・ポッターみたいな気分なの」。それだけ聞けば十分。出張はできるだけ減らす、出世に響いてもいい。エリーサはそう心に決めた。シェップには言わなかった。どうせ、ぼくのために自分を犠牲にしないでくれと返されるだけだから。それに、彼のために決めたのではなかった。自分が納得するためだ。

シェップと暮らし始めたころ、エリーサの母は娘から新しいボーイフレンドの職業を聞いて、こう言った。「それって何かの役に立つの?」。エリーサは笑ってごまかした。彼女はメジャーな分野の科学的探究の価値を疑うタイプではなかった。それでも最初のデートで彼が、すべての銀河は巨大なブラックホールのまわりを回っているんだ、そいつの大きさはぼくらの太陽系と同じくらいだったりすると説明を始め、両手を回して降着円盤の渦巻く様子をまね、片手の指を天井に、片手の指を床に向けて、ある種のブラックホールはその北極と南極から物質のジェットを噴き出していて、それがまた光速に近いスピードで、どうしてそんなことが可能なのかは最大の謎の一つなのだけれど、とにかくブラックホールは何でも呑み込む一方で、物質を宇宙に再び送り出してもいるんだと熱弁をふるったとき、エリーサは心のなかで肩をすくめた。面白そうって、言わせたいのね?

彼の仕事にロマンがあるのは理解できた。子どもが生まれるまでは、よく彼の観測についていった。アリゾナで週末を過ごしたときはハインリッヒ・ヘルツ天文台のベッドが埋まっていたので、山頂の反対側にあるバチカン市国(ローマ教皇庁)の宿舎に泊まった。そこの観測所で働く科学者や教会関係者用の施設だ。バチカンは1891年にイタリアに天文台を作り、「教会とその牧者は真理と確かな科学に、人に関するものであれ神に関わることであれ、反対するものではない」ことの証とした。その百年後には、マウントグレアムを聖地と見なす先住民族の思いにそむき、生態系の破壊を危惧する環境団体の抵抗を押し切って、バチカンはハインリッヒ・ヘルツ天文台建設のコンソーシアムに加わり、独自の「先端技術望遠鏡」を据えたのだった。その宿舎にはイエズス会の修道士がいて朝食を用意し、エスプレッソをいれてくれた。エリーサとシェップは毎朝、彼と宇宙の、そして神の話をした。夜は真っ暗だ。懐中電灯やヘッドランプは、望遠鏡の邪魔になるから禁止。そしてその夏は、近くで大きなヤマネコが目撃されていた。外を歩くときはみんな一緒で、暗闇を手探りで進み、ヤマネコを追い払うために手をたたき、大声を出した。恐ろしい動物に殺されるかもしれない。そう思うと少し胸が高鳴った。

こうして彼女も天文学が好きになった。理解が進むと、ほとんど何でも面白いと思えるようになった。しかし天文学との接点には常にシェップがいた。だからエリーサは彼のプロジェクトを社会の観点から見るようになり、シェップよりも先に、その世界の暗部に気づいた。たとえばテキサス州サンアントニオで開かれた大きな学会に同行したとき、彼女は2つのことに気づいた。1つ、自分以外に女がいない。2つ、自分以外には誰も人に質問をしない。それで、なんとか会話の糸口を探ろうと思い、同じテーブルを囲んだ若い天文学者たちに聞いてみた。それで、みなさん何を探っていらっしゃるの?

「中性子星への降着の数値モデルを作っています」

「宇宙の背景放射における温度のムラを調べています」

「宇宙再電離の時代と宇宙の大規模構造に興味があります」

で、あなたが見つけたいものは何?　エリーサは溜め息をついて、そう言ったに違いない。まだ若いのに、みんな目の前の仕事をこなすのに忙しくて、そもそも自分は何が好きで天文学者になったのかを忘れている。エリーサはそう感じた。いちばん衝撃だったのは、ある若者の「自分は時間の始まりを知りたいんです！」という答え。同じ科学者なのに、エリーサの分野とはまったく世界が違う。当時の彼女は町から町へ飛びまわって低所得者向けの団地で開かれるセッションに参加し、売春婦たちが無警戒な男にコンドームをつけさせる方法を教え合うのを見守っていた。

　現場に出向いて相談に乗るのが仕事だから、エリーサはいつもオープンで、来る者を拒まない。だから観測所に泊まり込むと、睡眠不足とプレッシャーに押しつぶされそうな初対面の男たちの愚痴をよく聞かされた。まるで臨時の住み込み精神分析医。男たちの暴走を目にすることもあった。ある朝、コービン天文台でのこと。シェップと仲間たちは磁気テープのリールをはずすべきかどうかで議論を始めた。みんな、まる一日寝ていなかった。どうにも意見が合わず、ついには罵声が飛び交い、収拾がつかない。殴り合いになるかと、エリーサは本気で心配した。睡眠を奪われた上にプレッシャーもきつければ、天文学者だっていつ爆発するかわからない。

　そんな状況を、シェップ自身はむしろ楽しんでいた。天文学者と呼ばれるのも好きだった。彼にとって、天文学《アストロノミー》は深遠なものでも抽象的なものでも、やたら知的な作業でもなかった。それは文字どおりアストロ（星）ノミー（学）であり、星座には牡牛もいれば弓矢の射手もいるのだった。

　彼がこの仕事を選んだのは山が好きで望遠鏡が好きだから。旅も、身体を動かす作業も好きだった。物理学を学んだ者が誰でもそうであるように、彼もブラックホールに一定の畏敬の念を抱いてはいた。しかしその正体が知りたくてこの仕事を選んだわけではない。少なくとも最初は違った。なのに気がつけばブラックホールの何かに取りつかれていた。そして実存的なレベルで、ブラックホールは怖いと思っていた。

なぜか。ブラックホールの内部はこの宇宙で唯一、帰還不能な場所だ。「すべての星のエネルギーを集めたロケット」を噴射しても逃げ出せない。どんなにエネルギーがあっても無理だ。ブラックホールへ落ちていく粒子の動きを記述した方程式によれば、物体が事象の地平を抜けた瞬間から、時間を記述する座標に空間的な要素が加わる。言い換えれば時間に「向き」ができ、その向かう先はブラックホールの中心なのだ。事象の地平を通過する瞬間を取り出すことは不可能だが、ともかくその先にあるのは内へ内へと向かう定められたルートのみ。そのときブラックホールはあなたの未来となり、もはや行く先の変更は不可能。時の流れを逆転できないのと同じだ。

＊　＊　＊

シェップは考えあぐねていた。今度（２００６年）の観測はなぜ失敗に終わったのか。一方には強気な見方があった。「すべての機材が正常に作動すれば、次は必ず成功するはずだ」。しかし弱気な見方もあり得た。「くだらない機材トラブルではなく、設計ミスで最初から失敗を運命づけられているのだとしたら？」

実際、シェップとその仲間たちを除けば専門家の多くは、ハワイとアリゾナを結ぶ基線では長すぎていて座A*の検出に向かないと考えていた。その根拠は主として１９９８年にトマス・クリヒバウムがやった計算にあった。その数値が正しいとすれば、シェップのやり方でいて座A*を見るのは不可能と思われた。ふつう、天体観測でぶつかる主たる問題は望遠鏡の解像度（分解能）不足だ。しかし解像度が高すぎて対象が見えないケースもあり得る。大切なのは観測対象と望遠鏡のマッチングだ。当座の観測対象に比べて解像度の高すぎる（基線が長すぎ、したがってその視野が観測対象に比べて狭すぎる）電波干渉計は役に立たない。対象のごく一部にズームインしてしまうので端まで見えず、その周縁部の暗い領域を見逃してしまう。電波干渉計はコントラストを測るものだから、こうなると何も見えない。つまり、もしも大きすぎる（干渉計の設置場所が離れすぎた）ＶＬＢＩ観測網を使うと、ブラックホールを直接のぞけたとしても、その結果を知り得ない。昨年の失敗はこのケースだったのでは？

そんなことはない、おかしいのはクリヒバウムの計算だ。シェップはそう信じ、もう一度トライする準備を進めていた。それでも心のどこかに10年前の計算結果が引っかかっていた。もしも二度目の観測も失敗し、機材の不具合といった原因を突きとめられなかったら、三度目のトライは難しくなる。たぶん資金の提供者も天文台の管理者も、あきらめろと言ってくる。彼らが間違っているとしても、それを証明するチャンスをシェップは永遠に失ってしまう。

8

2007年・春

今度はもっといい望遠鏡を使うぞ。そして絶対に3台でやるんだ。シェップたちはそう決めていた。ハワイのSMA（サブミリ波望遠鏡群）は、まだ使える状態ではなかった。しかし次善の策のJCMT（ジェームズ・クラーク・マックスウェル望遠鏡）を借りることができた。これなら昨年よりも2倍のデータを集められる。

アリゾナのハインリッヒ・ヘルツ天文台は今回も協力してくれる。でも3台目はどうする？　シェップが目をつけたのは、カリフォルニアのインヨー・マウンテン（シーダーフラット）にようやく完成したばかりのCARMA（ミリ波天文学研究望遠鏡群）だ。ただしまだテスト段階で、通常の観測に開放してはいなかった。またCARMAにある23台の望遠鏡のどれかをVLBI（超長基線干渉計）のネットワークに組み込むには、相応の作業が必要だった。しかしシェップは、そういう些事にかまけないタイプ。多少の障害は乗り越えられると信じていたし、後に彼の特技となる秘術を身につけ始めていた。相手が誰であろうと口説き落とし、正式オープン前の望遠鏡を借りてしまう交渉術だ。

シェップとジョナサン、そしてジェフ・バウアーらは3つの天文台のそれぞれに、観測時間借用の申請書を出した。そして前の年に使ったのと同じ大量の機器をかき集めた。水素メーザー原子時計も借りてCARMAに運んだ。黒光りする最新鋭のデジタル・レコーダーや信号処理機もていねいに荷造りし、3つの天文台に送り出した。あとは現地に乗り込むだけ――というところで、CARMAから申請却下の通知が来た。

観測開始の予定日まで、もう数えるほどしかなかった。シェップはCARMA担当のジェフを呼び出し、こう告げた。「ジェフ、何とかしてくれ。この望遠鏡はどうしても必要なんだ」。ジェフは答えた。「どうすればいいんです?」。無理もない。しょせん彼らは若手の研究者グループ。必要な機材をかき集めて、うまくいくとは誰も思っていない観測に取り組もうとしていた。しかし、それでもここから事態は動いた。ハーバード大学教授の肩書きも威厳もないシェップがCARMAの所長に電話して、手を貸してくれと頼み込んだ。そして、どうにか口説き落としたのだ。

1年前と同様、シェップたちは春の2週間をハワイ島のマウナケア山頂で過ごした。借りてきた機材を取りつけ、もろもろの装置をテストし、天気のいい日を待った。晴れた晩には、日没前から夜が明けるまで寝ずに観測した。明るくなったら無数のノイズと宇宙からの電波を膨大な数字に変換して記録したハードディスクを取り出し、発泡スチロールのケースに収めた。そしてくじ引きで、誰が車を運転して山道を下り、ヒロの町にあるフェデラル・エクスプレスの店に持ち込んでヘイスタックへ送るかを決めた。すべての観測が終わった日にはみんなで借り物の機材を撤去し、アメリカ本土へ送り出した。それが済むと、みんな家に帰った。観測が成功したかどうかは、まだわからなかった。

＊　＊　＊

1か月後、シェップはヘイスタックの研究室で机に向かっていた。観測で得たデータを処理しているコンピュータにログインし、スキャン回数や信号／雑音（ノイズ）比（S／N比）、基線の長さといった情報の詰まったデータを見つめ、使った3台の望遠鏡のうち少なくとも2台で同じ信号が検出されている証拠を探した。彼が注目したのは7という数字の振られたスキャン。S／N比が7以上であれば、宇宙からの電波と紛らわしいノイズの生じる確率は非常に低いと見ていい。シェップは立ち上がり、マイク・タイタスのいる相関器室に向かった。

その部屋は12年前にシェップが修業を始めたころとあまり変わっていなかった。磁気テープを使う年代物のマシンもまだあったが、その隣にはブラックの新しいデジタル相関器があり、LEDライトがせわしなく点滅していた。シェップはマイクの席に歩み寄り、プリントアウトしたデータを見せた。「あの晩のデータか」とマイクは言った。「疑わしいな」

マイクは過去に、「7」でもノイズという例をいくつも見ていた。だから、これもそうかもしれないと疑った。しかしよく見ると、そのスキャンは、強烈に明るいクェーサーを検出したときのものによく似ていた。ならば、本物だ。そこで二人は、あるアルゴリズム（ソフトウェア）を使ってみた。博士論文の執筆中にシェップが開発に協力したもので、データをならして本物の信号を増幅し、余計なノイズを減らすソフトだ。結果、S／N比は一気に高くなった。

そしてついに「フリンジ（干渉縞）」が見つかった。昔のフリンジ（一般には周縁部などの意）は二つの光線の干渉で見える光の縞を意味したが、VLBIの観測で言う「フリンジ」は複数の電波望遠鏡で同一の天体を観測したデータが一致し、ピークを示すことを指す。つまり、フリンジが見つかるのは観測が成功した証拠だ。シェップたちの使った3つの望遠鏡が一体となって機能した証拠だ。フリンジは川底から見つけた一粒の砂金。これが見つかったのなら乾杯の準備。ついにいて座A*を取り巻くベールを突き抜けたのだから。

＊　＊　＊

その春が終わるまで、みんなデータの整理と論文の執筆に専念した。画像を結ぶのに十分なデータは得られなかったが、何かを見たことは確かだった。あのベールの向こうには「事象の地平サイズの構造物」が確かにあった。しかし奇妙なことに、その構造物は予想されたいて座A*の事象の地平の「見かけのサイズ」より小さかった。これは何を意味するのか。

シェップは家に帰っても忙しかった。近くのモルデン地区にあるビクトリア朝様式の古い家を買ったばかりで、まだ模様替えが済んでいなかった。エリーサとシェップは子どもたちを寝かせ、子ども部屋のドアにビニールシートを張ってから作業衣に着替え、夜遅くまで古い鉛ペンキを剥がす作業をし、翌朝にはまた職場に出かけねばならなかった。

この成果を発表すれば自分の人生は変わる。そう思えば疲れも吹き飛ぶが、どこかに不安があったのも事実。最後の最後で足を滑らすリスクは常にあった。こうなると他のプロジェクトには集中できない。ある日、シェップはヘイスタック観測所の所長コリン・ロンズデイルの部屋に行き、いて座A*に専念させてくれと直訴した。当時の彼はハイノ・ファルケともども、オランダにあるＬＯＦＡＲ（低周波望遠鏡観測群）の仕事に関与していたが、もうその余裕はなかった。集中させて欲しい、天の川の中心にあるブラックホールを見たんだ！　すごい成果だから全力で論文をまとめたい。所長は長身でヒゲ面のイギリス人で、威厳はあるが高飛車ではないタイプ。やりたいことをやれと励ましてくれた。

それでも論文の発表が近づくにつれ、シェップの不安は高まった。アメリカ天文学会のある会議で、彼は居合わせた記者の一人に観測結果を漏らしてしまった。その後に気づいた。プライドの高い学術雑誌は、先にマスコミに流れてしまった論文をけっして受けつけないことに。不幸中の幸いで記事は出なかったが、いざネイチャー誌に論文を投稿した直後に、シェップはデータの重大な解釈ミスに気づいた。あの「構造物」のサイズが想定よりも小さく見えるのはブラックホールが回転しているせいだと書いたのだが、もっと可能性の高いシナリオが別にあった。このまま論文が発表されたら学者人生は終わりだと思ったシェップはネイチャー誌の担当編集者に電子メールを送り、論文の一部を撤回すると申し出た。すると編集者からは、当該部分のセンテンスを２つほど書き替えればいい、それでＯＫだという返事が来た。

修正した論文はネイチャー誌の２００８年9月4日号に掲載された。すると古巣のＭＩＴ（マサチューセッツ工科大学）からもＣｆＡ（ハーバード・スミソニアン天体物理学センター）からもスピーチの依頼が来た。前者の大学院で一度は路頭に迷いかけ、権威ある後者からは煙たがられていた若者にとっては人生最高の招待状だ。

ＣｆＡでの発表は２００８年の11月20日だった。舞台はフィリップス講堂、ＣｆＡの敷地の真ん中にある古い建物だ。集まった教授陣や学生たちを前に、シェップは自分たちの観測手法とその結果を報告した。これは最初の一歩にすぎない。シェップはそう強調した。まだいて座A*の中心に隠れている何かの、最高にピンぼけな姿をとらえたにすぎない。もっと多くの望遠鏡がそろい、もっと技術が進めば、もっとシャープな画像が得られるはずだ。プレゼンが終わり、みんなが講堂を出て行くなか、ポール・ホーと名乗る天文学者がシェップに歩み寄り、こう尋ねた。「それで、こいつを画像にできるのはいつですか？」

第二部

今そこにいるモンスター

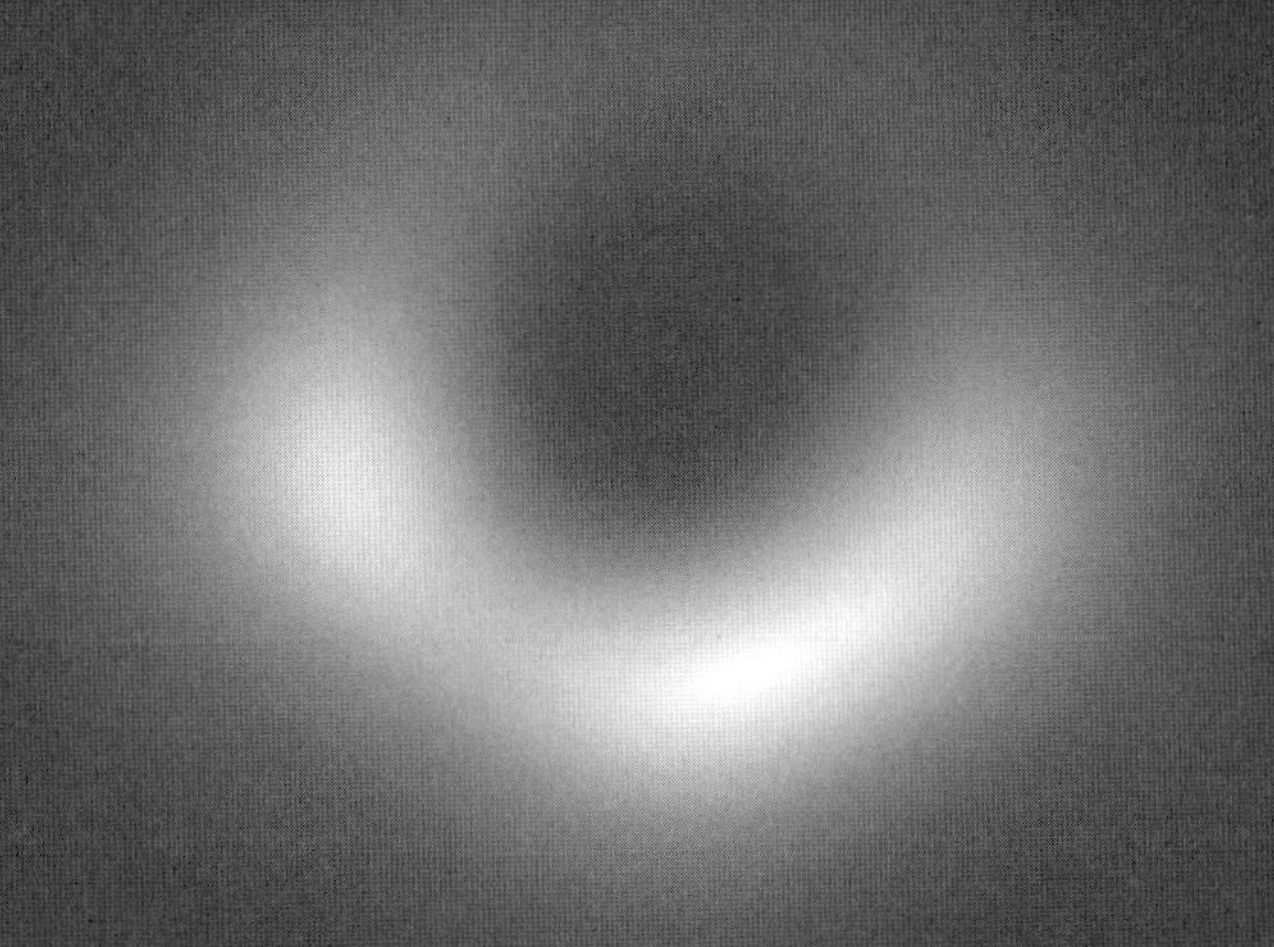

9

2012年3月19日
ハワイ州マウナケア山頂
サブミリ波望遠鏡群（SMA）

「おや？　なにか変だぞ」。シェップ・ドールマンはコンピュータの画面を見つめてつぶやいた。日没まであと少し、場所はSMAのコントロールルーム。広い窓からは夕日を浴びて輝く8台のパラボラアンテナの隊列が見える。赤茶色の山頂の下には白い綿のような雲が広がっている。空は宇宙の果てを思わせる紫。超音速機のテストパイロットが気を失う前に見そうな色だ。標高約4000メートルの頂上にはまだ雪が残っている。数日前に観測隊を足止めした嵐は東へ去ったが、おかげでカリフォルニアは雨、3つの天文台を結ぶ観測はしばしの延期を余儀なくされた。

コントロールルームは加圧され、酸素はたっぷりあった。キーボードをたたく音が響き、それ以外は沈黙が支配する。「ああ、でも何かを記録しているみたいだな。まあ悪くはないか」「マーク５Ｂは作動しています」。ポスドク研究員の一人が言った。マーク５Ｂは少し上にあるＪＣＭＴ（ジェームズ・クラーク・マックスウェル望遠鏡）に接続されたレコーダーで、口径15メートルのＪＣＭＴも今宵の観測に参加することになっていた。「でもマーク５Ｃ（最新の高周波レコーダーでＳＭＡに接続されている）が作動していません」

シェップは部屋を飛び出し、階段を駆け下りた。レコーダーの接続を確かめ、数分後には猛ダッシュで部屋に駆け戻った。空気が薄いから息が切れる。このときシェップ、45歳。やせ型で、髪はまだ後退の気配もなく、茶色で豊か。夜更けや集中力を極度に高めたときは雑草のように逆立つのだった。

まだ時間はあった。コンピュータの前に戻り、キーボードを何度かたたき、心配するなと若いスタッフたちに声をかける。午後7時すぎ、どうやらレコーダーが動き出した。あと2分でハワイとアリゾナ、カリフォルニアの3つの望遠鏡がいっせいに始動し、クェーサー（データを補正するキャリブレーション用）といて座A*、そしてM87銀河の中心にあるブラックホールの連続12時間観測に入るというきわどいタイミングだった。

間に合った。観測が始まり、これで一安心。シェップはコンピュータの前を離れ、ダッフルバッグを引きずり出した。なかにはボストンのトレーダー・ジョーズで買い込んだスナック菓子が詰まっている。「さあ、まずは腹ごしらえだ」

＊　＊　＊

このころ、シェップとその仲間たち（だいぶ数は増えていた）は壮大なビジョンを描いていた。彼自身の言葉を借りれば「人類史上最大の望遠鏡」の建設だ。それは、いわば分散型のバベルの塔。東はヨーロッパから西はハワイまで、北はグリーンランドから南は南極点まで、最大で12か所の高地に観測拠点を置く。そうすれば今までになく高い解像度（分解能）が得られ、最大の難関に挑む用意が整う。そして月面に置いたドーナツの輪を識別する視力、天の川銀河の中心にいる巨大ブラックホールの影を見る視力が得られるはずだった。

天文学の観測対象となる天体には、地球の望遠鏡がどう見えているのだろう。見るのが仕事の天文学者も、時にはそんなことを考える。もしもいて座A*に視覚というものがあり、こちらに目を向けたとすれば、あちこちの山の頂で銀色に輝くディッシュの列に気づくだろう。まるでちかちか光るディスコボール、それが地球の自転速度で昼から夜へと回転している。まず見えてくるのは、スペインのシエラネバダとフランスの南アルプスにある望遠鏡。数時間後にはメキシコの山中にある巨大な1枚のディッシュと、南米チリの乾燥した高地にあるアンテナ群が姿を現す。次がアリゾナとカリフォルニアで、最後がハワイ。南極点の望遠鏡SPT（南極点望遠鏡）が夜通し輝いているのにも、いて座A*は気づくだろう。地球の自転に伴い、これらの望遠鏡はさまざまな角度から標的を見据え、見えたものを暗号のような数字で記録していく。それを後にスーパーコンピュータで処理すれば、きちんとした画像にまとまるはずだ。万事が順調に進めば、必ずや天文写真の殿堂入りに値する1枚が撮れる。

ＣｆＡ（ハーバード・スミソニアン天体物理学センター）での２００８年秋の発表後、歩み寄ってきたポール・ホーに「画像にできるのはいつ？」と聞かれたとき、シェップは口ごもった。プロを相手にいい加減なことは言えない。もちろんシェップは本気でいて座A*を「画像化」するつもりだったし、スピーチや論文、観測計画の提案書にはあえて強気の、はったりに近い言葉を連ねてきた。資金集めにはそれが必要だったからだ。しかし一対一の場では慎重にならざるを得ない。はったりは気恥ずかしいし、運に見放される恐れも感じていた。とにかく地球上にあるミリ波電波望遠鏡のほとんどを動員して、十分な分解能で十分な電波を集めなければ、あのいて座A*が隠していると思われる巨大ブラックホールの影を画像化することはできない。しかも地球規模の観測ネットワークをゼロから構築する作業にマニュアルは存在しない。必要とされる望遠鏡の一部はまだ建設中だったし、その多くは国際的なコンソーシアムが管理していて、それぞれに異なる目的や使命を持っていた。そして運よく観測ネットワークを構築できたとしても、気まぐれな自然がへそを曲げれば、その秘密を見せてはもらえない。

それでもシェップは突き進む覚悟だった。仲間たちと一緒に、最初の成功（２００７年）の余勢を駆って次々と望遠鏡の使用時間を獲得していた。観測のたびに新しい望遠鏡を加え、一定の目標を達成し、その成果を翌年の観測計画書や助成金の申請書に書き加えた。２００８年には同じハワイ＝アリゾナ＝カリフォルニアの3台を使い、今度は3つの基線すべてできちんと観測できた。その翌年にはＳＭＡの最新鋭干渉計（口径6メートル）8台を加えてM87の姿をとらえた。おとめ座Ａとも呼ばれ、地球から５３００万光年の彼方にある巨大な楕円銀河で、その中心には信じられないほど巨大なブラックホールがあると考えられていた。とにかく桁違いに大きいので、これだけ離れていてもその「影」を見ることは可能と思われていた。

小さな成功を積み重ねていったシェップは２００９年に、全米科学アカデミーのディケイダルレビュー（十年計画評価）委員会に論文を提出し、「ブラックホールの直接撮影」という「天体物理学における長年の目標」が「次の10年以内に達成されること」は「ほぼ確実」だと主張した。そして10ページにわたる論述を「進むべき道は見えている」と自信たっぷりに結んだ。「この『事象の地平望遠鏡（ＥＨＴ）』の構築に必要な技術の詳細は後に別途記述するが、克服できないような課題は予見されていない」。これを受けて委員会はＥＨＴのプロジェクトを、２０１０年代の国家的優先事項のリストに載せた。

チームに加わり、目標を共有する仲間は年々増えていた。２００７年、マウナケアの観測で画期的な成果をあげた年の秋にはヘイスタック観測所にポスドク研究員のビンセント・フィッシュが加わった。低周波望遠鏡の担当だったが、シェップはさっそく彼もチームに巻き込んだ。２００９年にはディミトリオス・プサルティスとフェリャル・オゼルが加わった。ちなみにこの2人はハーバード大学のラメシュ・ナラヤン研究室の出身で、初めて顔を合わせたのは１９９０年代のこと。当時のディミトリオス（ギリシャ生まれ）はポスドク研究員、フェリャル（トルコ生まれ）は大学院生だった。研究室で同じプロジェクトに取り組み、やがて結婚。今は2人ともアリゾナ大学タクソン校の教授だ。そしてアリゾナ大学は以前からシェップのプロジェクトを理解し、協力してくれていた。当時も若くて野心家の電波天文学者ダン・マローンを雇ったばかりだった。彼の担当はマウントグレアムの望遠鏡と南極点の実験的な望遠鏡だが、いて座A*を見るという目標には誰よりも熱くなっていた。

２０１２年１月にはアリゾナ大学が音頭を取って、ＥＨＴプロジェクトを正式に立ち上げる会議をタクソンで開いた。会議後、17人の高名な大学教授や観測所・研究機関の所長（「１・３ミリ波ＶＬＢＩ（超長基線干渉計）の観測に参画し、現在もその努力に物的な貢献をし、あるいは新しいＥＨＴ観測局の建設に寄与している人々や施設」）が合意書に署名した。これにより、シェップたちが長年にわたって取り組んできた自主的な共同研究は正式な「組織」に格上げされ、具体的な工程表と研究ポリシー、そして必要最低限の管理部門を持つことになった。

それまでの4年間、彼らは同じ観測所を拠点に毎年の観測を続けてきた。ハワイのＳＭＡとＪＣＭＴ、アリゾナのマウントグレアムにあるＳＭＴ（サブミリ波望遠鏡、旧称ハインリッヒ・ヘルツ天文台）、そしてカリフォルニアのＣＡＲＭＡ（ミリ波天文学研究望遠鏡群）にある23台の干渉計だ。計画によれば、むこう3年間で観測局を３つから8つに増やすことになっていた。そうすれば集光能力は10倍になる。一方でデータの解析や記録に使うＩＣ（集積回路）の周波数を現状の１ギガヘルツから16ギガヘルツに引き上げる。両方が実現すればEHTの感度は40倍以上も向上するはずだ。そこまで行けばいて座A*の「影《シャドウ》」をついに画像化できる。彼らはそう確信し、地球規模の望遠鏡による最初の観測を2015年に設定していた。

＊　＊　＊

マウナケアの天候は申し分なかった。電波天文学の世界では、気象条件を語るときによく「タウ」という数値を使う。地球の大気が星の光をどれくらい邪魔するか、すなわち透明度を示す値で、その夜は0・028だった。マウナケアの山頂付近でさえ、ここまで空気が澄みわたるのは年に10〜15回くらいしかない。観測所は標高約4100メートルの山頂から100メートルほど下がった場所にあった。地球の大気圏は高度約1万メートルまでだから、その半分近くまでは来ている。生き物はほとんどいないし、完全装備の人間だって酸素ボンベを離せない。そんな環境でも大気中には邪魔者がいる。最高に晴れ渡った空でさえ、大気はミクロな揺れでざわめいている。

VLBIの場合、1つの観測点で天気がよくても他の場所が悪ければ意味がない。この夜がそうで、他の2か所の状況は苦しかった。CARMAのタウは勘弁してほしいくらい高い。SMTのタウは良好だったが、この時点では大気中に氷の結晶がたくさんあって、望遠鏡のドームを開けることができなかった。こうなると天候の回復を待つしかない。すでにアリゾナとカリフォルニアの吹雪により、シェップたちは数日を山の中腹にある宿舎ヘレ・ポハクで無為に過ごしていた。彼らが

SMAを使えるのは3晩のみ。ただし天気は運まかせだから、最大8晩の滞在期間中に最適な晩を選べることになっていた。しかし今宵を逃すと、残るチャンスは一度しかない。

真夜中ごろ、シェップは立ち上がってコントロールルームの端に移動し、固定電話の受話器を取って（携帯電話の電波は観測の邪魔になるので使用できない）アリゾナを呼び出した。どうだ、ドームを開けられるか？　受話器を置いたとき、シェップの顔は輝いていた。「行けるぞ！」。シェップはみんなに言った。「SMTのドームが開いた、あと30分で観測を始められるそうだ」

「ぎりぎりでM87を2度スキャンできますね」。疲れきった声でルリク・プリミアニが言った。ルリクは20代半ば、窓際の席でコンピュータの画面を見つめていた。アイビーリーグの名門校を出た若者にありがちな、エリートなのにそうは見せないタイプで、ぼさぼさ頭に安物の服。それでも受けた教育へのプライドが自然に漂っていた。生まれたのはベネズエラの首都カラカス。父はイタリア系ベネズエラ人で、母はスペイン系。両親ともパンアメリカン航空で働いていて、ルリクが2歳のときマイアミへ引っ越した。アメリカで育ち、MIT（マサチューセッツ工科大学）に進んだルリクは工学を専攻したが、天文学の授業もいくつか取り、そこで星探しのロマンに目覚めた。卒業しても会社勤めはしないと決めていたが、大学院に行くのも気が引けた。博士号の取得を目指せば30歳過ぎまでただ働き、そんなのはご免だった。それで2008年の秋、SMAが募集していたエンジニア職に応募した。そのとき面接を担当したのはジョナサン・ワイントラウブで、彼はルリクに、ネイチャー誌に載った例の論文のコピーを渡した。シェップらと共同で執筆した、いて座A*に関する記念すべき論文だ。これを読んでルリクはブラックホールに魅せられ、そのままハワイ島の住人となった。

最初の電話から30分後、シェップは再びアリゾナへ電話した。ドームが開き、観測が始まったのを確認するためだ。しばしの沈黙があって、シェップは叫んだ。「嘘だろ、ありえない、嘘だよな」。「誰が嘘つきだって？」と言ったのは同じ部屋にいたジョナサンだ。

5年前の画期的な観測以来、ジョナサンもシェップと同じくらいいて座A*の撮影に意欲を燃やしていた。ただしシェップと違ってEHTの人間ではなかった。彼の職場はSMAであり、SMAがEHTに観測時間を貸すのは年に数日だけだ。いて座A*探しを本業にしたい気持ちは山々だったが、それだけにすべての時間と能力を注ぎ込める立場ではない。それに、もともと工学系のジョナサンは何か一つに取りつかれるタイプではなかった。仕事には熱心だが、仕事がすべてではない。SMAは巨大な長期プロジェクトだ。それを仕切るにはきちんとしたチャートを作り、毎日の山のような作業が予定どおりに進んだかどうかをチェックするため、鉛筆を走らせる必要があった。そしてEHTについて言うなら、組織がうまく動いていないなと感じてもいた。もう何年も同じ3つの観測拠点を使っているじゃないか、いつになったら増やせるんだ？

シェップは電話を切った。そしてみんなに、原因不明の理由でアリゾナの観測所は動いていないと告げた。ハワイのSMAはすでに、この晩12回目のスキャンに入っていた。アリゾナも天候は申し分なかった。タウは0・005まで下がっていた。アメリカ本土でこれ以上は望めないくらいだ。

しばらく室内を行ったり来たりした後、シェップはまたアリゾナに電話を入れた。最新の情報が知りたかった。「どうなってる？　おかしいって？　それじゃ説明になってないぞ」

怒られるのが自分たちじゃなくてよかった。ポスドク研究員たちの顔にそんな表情が浮かぶ。いて座A*が姿を見せるまであと2時間。しかも今回、それを見るのは彼らだけではなかった。NASA（米航空宇宙局）の人工衛星チャンドラが加わり、いて座A*から出るX線を観測することになっていた。そのデータをEHTの観測データと合わせれば巨大ブラックホールの動きを解明できる可能性があった。だからシェップは3000マイル（約5000キロメートル）離れたハワイから可能なかぎりの指示を出した。アリゾナ大学天文学部の責任者に電話してくれ、たたき起こして、すぐ現場に来てくれと頼め。「彼に言ってやれ、そうしないと殺すぞとシェップに言われたとな！」

30分後、アリゾナから電子メールが届いた。シェップはそれを大声で読み上げた。アリゾナが今晩中に回復する「『可能性はゼロ』だとさ」。

こうなれば選択肢は2つ。観測を切り上げて残りの時間を他の観測隊に譲るか、ハワイとカリフォルニアの2台だけで観測を続けるか。

ジョナサンは自分のノートパソコンを閉じ、シェップに言った。「今夜は人工衛星チャンドラがあれを見ているんだよな」。シェップはうなずいた。人工衛星が見てくれる機会は滅多にない。「もしもチャンドラがX線放射を検出すれば、ぼくらにとっても実に興味深い何かがわかる」

いずれにせよ、彼らはマウナケアの山頂にいたし、カリフォルニアのCARMAも悪条件ながら観測を始めていた。そして今年SMAを使える機会はあと1度のみ。ならば続けるしかない。午前2時5分にいて座A*の最初のスキャンを始める。シェップはそう宣言して、アルミ製の折りたたみ椅子に倒れ込んだ。

午前2時半。壮大なEHTの完成形に比べたら初期段階のデモ版にすぎない3拠点のVLBIは2台だけで、地平線から姿を現したいて座A*の放つ電波を静かに記録し続けていた。

シェップは椅子の背にもたれて目を閉じていた。ジョナサンは床で横になって眠っていた。他のスタッフは黙々と、それぞれのコンピュータ画面を見つめている。それからの2時間半は何も起きなかった。何も起きないのはすべてが正常に作動している証拠だ。

午前5時までに全員が目を覚ました。ずっとコンピュータの前を離れずにいたルリクは不安になって、シェップに聞いた。「十分なデータが得られたと思いますか?」

「今の問題は、少しでもデータが得られているかどうかだ」。シェップはそう答えた。「CARMAがどうなっているかは、まだ誰も知らない。一方でSMTがどうなってしまったかは確実に知っている」

午前6時を過ぎたころ、シェップはポスドク研究員たちに撤収準備の指示を出し、望遠鏡の電源を落とさせた。役に立ちそうもない大量のデータを記録した8テラバイトのハードディスクをはずして輸送用のケースに収め、トラックに積み込み、中腹のベースキャンプまで山道を下った。それからハレ・ポハクの食堂に集まって朝食をとった。それが済むとシェップが立ち上がって、言った。
「みんな、ご苦労さん。とんだ災難だったな」

10

いわゆるビッグ・サイエンス（科学の巨大プロジェクト）にしては、ＥＨＴ（事象の地平望遠鏡）のプロジェクトはけっこうお買い得だ。シェップが必要とする資金は総額２０００万ドル（22億円）程度だが、その見返りは格段に大きい。巨大ブラックホールの写真が撮れるだけではない。そこにたどりつくまでの観測で得られるさまざまな成果は、今まで知り得なかった謎を解く貴重なヒントを与えてくれるはずだ。一般相対性理論が極限的な（つまり実験によって再現できない）状況でも有効かどうかを確かめる一助にもなる。ロイ・カーが計算によって導いた「回転するブラックホール」（47ページ参照）が実在するかどうかを突きとめられるかもしれない。「事象の地平」が本当にあるかどうかも確かめられる。ブラックホールが質量と角運動量と電荷の有無だけで記述できるという理論の検証もできるだろう。この宇宙には絶対的な検閲装置がある（ブラックホールの中心にある特異点は常に「事象の地平」に隠れていて、絶対に姿を見せない）という仮説も確かめられる。EHTの撮像にブラックホールの「影《シャドウ》」が現れれば、それは検閲装置がある証拠だ。現れなければ、いて座A*の奥に裸の特異点が見えるだろう。時空の消滅する究極の理解不能性が忽然と姿を見せるのだ。もちろん、地球規模の望遠鏡で撮れるのはたった1枚の天体写真かもしれない。しかし、その1枚の価値は途方もなく高い。アベリー・ブロデリックが言ったように、ブラックホールを撮った最初の1枚は有名な「小さな青い点《ペールブルードット》」（アメリカの宇宙探査船ボイジャー1号が土星の環から撮った地球の写真）に匹敵する重要性を持つ。土星から見た地球の写真は私たちの惑星が広大な宇宙空間にあって限りなく小さな存在であることを教えてくれたが、ブラックホールの写真はまったく異なるメッセージをもたらすはずだ。そのメッセージにはきっとこう書いてある。銀河の中心には途方もないモンスターがいるぞ、と。

そうは言っても、2000万ドルは「はした金」ではない。アメリカ人の1000人に1人程度の大金持ちならともかく、一介の科学者が集めるには大金だ。シェップが頼りにしていたのは、もっぱら全米科学財団（NSF）の公的な助成金だが、その獲得競争は厳しくなるばかりだった。当時はまだ、2008年の世界金融危機に始まる景気後退を引きずっていた。政府が銀行救済に莫大な資金を注ぎ込んだことに、まだ大勢の人が怒っていた。そして2012年は大統領選挙の年だった。こうした悪条件が重なると、助成金の獲得はドラマ「ハンガーゲームズ」の様相を呈してくる。テーマに重要性があり、得られる成果が大きいというだけでは審査を通らない。そのプロジェクトの進捗状況も問われる。研究が順調に、ほぼトラブルなしで進んでいる実績を見せる必要があった。

だからこそ3月19日のマウナケアには大きなプレッシャーがかかっていた。

資金集めにはパブリシティも大事で、シェップはＥＨＴプロジェクトの宣伝マンとしても忙しかった。２００８年にネイチャー誌に論文が載ってからはメディアの取材依頼が殺到した。願ってもない大手メディアからの話もあれば、できれば願い下げにしたい正体不明な雑誌からの依頼もあった。英ＢＢＣのドキュメンタリー番組に出演したときはこんなこともあった。カメラの前でインタビュアーに向かい、シェップはジェスチャーをまじえて、いささか過剰な熱さでプロジェクトの意義を語り、こう結んだ。いて座A*の影を写真に撮れたら「決定的な映像《マネーショット》」になりますよ。

「カット！　すまない、シェップ。別な表現をつかってくれないか？　その、ポルノっぽくないやつを」

品行方正な読者のために補足すれば、ポルノ映画の世界では射精の瞬間に見せる女優の表情がマネーショットと呼ばれる。

シェップは申し込み期限のぎりぎりまで、助成金の申請書を練り上げるのが常だった。彼がツボをはずさないのは誰もが認めるところで、ＥＨＴの致命的な弱点を巧みに隠すのも得意だった。たとえば、このプロジェクトが追いかけているのはたった2つの天体（いて座A*とＭ87銀河の中心にあるブラックホール）だけという事実。見ようによっては、それはコスタリカに咲く野生の花を撮るだけの目的でツァイスの超マクロレンズを買ってくれとねだるのに似ていた。面白いけど、高すぎないか？

助成金の審査をする委員たちの目は厳しい。地球規模の観測ネットワークを築くことのハードルの高さに気づかれる可能性もあった。この諸君は3つの観測拠点でさえ、好天の晩に観測時間を確保するのに苦労している。こんなことで、地球のあちこちにある8つか9つの拠点がすべて好天に恵まれた日に観測できるだろうか？　そのうちにどこかの観測所が閉鎖されたらどうする？　実際、天文学の世界はゼロサム・ゲームになりかけていた。新しい天文台を建てるとなれば、どこかで古いのを閉鎖しなければならない。しかしＥＨＴでは少なくとも7つの天文台の同時参加が必要とされていた。なかには年代物の望遠鏡もあり、未完成の望遠鏡もあった。いまＥＨＴに参加している天文台も、資金計画や運用ポリシーが変われば協力の継続は困難になる。現に、チリのアタカマ高地で建設の進むＡＬＭＡ（アタカマ大型ミリ波サブミリ波望遠鏡群）が完成すればハワイのＳＭＡ（サブミリ波望遠鏡群）はお役ご免だという声もあった。それは限られた資金と人材の有効利用という観点から見れば自然な淘汰と言える。しかし、シェップたちはＡＬＭＡとＳＭＡの両方を必要としていた。

正直言って見通しは暗く、シェップが打てる手は限られていた。1つは、今まで繰り返してきた大博打《ばくち》を今後も続けて勝ち抜くこと。得られたデータをしっかり読み込んで新たな発見を積み重ね、助成金につなげることだ。もう1つは、急がせること。天文台の建設や運営に携わる人たちは宇宙サイズの時間枠で物事を考えがちで、1年や2年の遅れは気にしない。しかしＥＨＴにとって、遅延は致命傷を意味していた。

打つ手は限られていたが、シェップは運にも賭けていた。いくら好天に恵まれても、どこかの望遠鏡が故障することはあるものだ。運を味方につけなければEHTの目的は達成できない。そして2012年3月のある日、幸運の女神が微笑んだ。シェップが電子メールの受信箱を開けると、そこにゴードン&ベティ・ムーア財団からの誘いが来ていた。

＊　＊　＊

ムーア財団のドゥーサン・ペジャコビチはサイエンス誌でEHTのことを知った。それは1月にタクソンで開かれたプロジェクト立ち上げ会議の模様を報じた記事だったが、資金の提供先を探す立場のドゥーサンはすぐに食いついた。セクシーな話じゃないか、国際的だし、先端技術が詰まっているし、そう高い買い物ではなく、無茶な計画にも見えるが無謀ではない。そして金に困っているようだ。その記事でシェップは、資金が足りないと訴えていた。

絶好のタイミングだった。当時のEHTは2009年から3年分の助成金で食いつないでいたが、NSFが支援の継続に応じる保証はなかった。しかし外部からの資金があれば、あと2年くらいは続けられる。シェップはドゥーサンに電話を入れ、さっそく正式の申請書を書く準備に入った。ところがそこへ痛烈なボディブローが突き刺さった。相手はMIT（マサチューセッツ工科大学）の庶務課だ。

一般論として、所属する学者が助成金を受け取った場合、大学当局は諸経費（光熱費や清掃、芝刈りなどの費用）の名目で30％前後を徴収する。しかしムーア財団は諸経費枠を15％までしか認めなかった。対するＭＩＴの庶務課も30％の線を譲らない。この官僚的対応が、徐々にシェップの足をヘイスタック観測所から遠ざけることになった。

もしも彼がＭＩＴの教授であったなら（つまり学内に立派な研究室を用意されていたなら）、庶務課を説き伏せることもできただろう。しかしシェップは単なる雇われ科学者、学内で「偉く」はなかった。だからミスティックバレー・パークウェイ沿いの食品店ホールフーズの駐車場に停めた車のなかで庶務課からの電話を受け、腹が引きつる思いをしなければならなかった。天下のＭＩＴが、１８０万ドルの助成金をもらえるプロジェクトの「諸経費」で一歩も譲らないとは情けない。その後もいろいろ手を尽くしたが、無理とわかった時点でシェップは腹をくくり、ハーバード・スミソニアン天体物理学センター（ＣｆＡ）に電話を入れた（ＣｆＡはハワイ島にあるＳＭＡのオーナー機関）。即決だった。「わかった、歓迎するよ！」

条件はこうだった。シェップの勤務時間はスミソニアン天体物理観測所（ＣｆＡの下部組織でＳＭＡの運用を担当）とＭＩＴのヘイスタック観測所で半々に分ける。ＣｆＡは彼に給料を払い、ＣｆＡに研究室を用意し、諸経費は全額負担し、彼が自由裁量で使える予算枠も確保する。そうして順調に事が運べば、数年後にはスミソニアン天体物理観測所に完全に移籍できる。話がついた２０１２年12月、シェップはほとんど手ぶらでコンコード街に面するベージュのオフィスに引っ越した。１フロア上にはジョナサン・ワイントラウブがいた。

翌年9月には、ムーア財団が給与を負担するポスドク研究員2人が加わった。ローラ・バータチチとマイケル・ジョンソンだ。

ローラはCfAの新人歓迎会で自己紹介するとき、アコースティックギターでバラードを歌った。題して「事象の地平望遠鏡のための計器改善、あるいはブラックホールに捧げるラブソング」。CfAでは、新任のポスドク研究員は自己紹介で自分の研究分野について話すか、「俳句トーク」をするのが決まりだった。ローラはこの「俳句」を自己流に拡大解釈した格好だ。その日、彼女はコンコード街のビルの1階にある部屋（新人2人とルリクでシェアすることになっていた）で、ギターをかき鳴らしながらパワーポイントのスライドをチェックしていた。見守るジョンソンは感心半分、心配半分だった。「ローラ、君は」と彼は言った。「実に勇気があるね」

実際、ローラは恐れを知らないように見えた。彼女は活発で、徹底して楽観的だった。シアトルの出身で、父は航空機製造会社ボーイングの技術者。長女で、下に妹7人、弟1人がいた。大きな目は琥珀色で、腕相撲なら同僚の誰にも負けない自信があった。7歳で空手を習い始め、ヨーロッパや南米で開かれたワールドカップにも参戦し、今も現役。子ども向けの有線放送テレビ局が、歯列矯正のブレースをつけ髪をきりっとまとめた彼女が空手の全国大会に向かう様子を3分間の映像にまとめ、「学校へ行こう」と題して流したこともある。

彼女は電気工学の博士号を持ち、最先端のレーダー・システムに強い研究者としてEHTにやってきた。専門はフィールド・プログラマブル・ゲートアレー（FPGA）と呼ばれる重要な部品で、文字どおり現場でプログラムを書き替えられるＩＣ（集積回路）だ。昔は研究で特別なＩＣが必要になれば、研究者が基本設計をしてテキサス・インスツルメントのような会社に発注し、シリコンに落とし込んでもらう必要があった。当然、時間もかかるし金もかかった。しかし自在に書き替え可能なＦＰＧＡなら、その必要がなくなる。高性能なＦＰＧＡがあれば、今までは１００万ドル（１億円）単位の費用がかかっていた特注品の信号処理装置も数万ドル（数百万円）で作れるはずだった。そしてローラならば、それができる。彼女は大学でポスドク研究員募集の求人広告を見て、銀河の中心の写真を撮るという不思議なプロジェクトに惹かれ、こう思った。「この人たちが必要としていること、私なら知ってる」

そんな彼女も、天文学の世界の妙に禁欲的な雰囲気には慣れていなかった。だからフィリップス講堂のステージにギターを抱えて立ち、やたら真面目な顔をしたドクターたちを前にしたときは緊張して、柄にもなく冷や汗が出たという。それでも彼女はやりきった。後に、あのパフォーマンスはみんな覚えてるよと言った人もいる。

もう１人の新人マイケル・ジョンソンはカリフォルニア大学サンタバーバラ校から来た理論天体物理学者。こよなく数学を愛する男だが、この日のスピーチでは自然界の不可知な事象を語るのに「美しい」とか「超絶」とか「素晴らしい」とかの数値化不能な言葉も使ってみせた。髪は薄茶色、柔和な顔立ちで、自分の才能をひけらかすよりは隠したがるタイプだった。

極限というものに惹かれていたマイケルは大学院時代に、ディミトリオス・プサルティスが事象の地平望遠鏡について語る講義を聞いて、今までの世界観が変わる思いをした。話の内容の大半には興味がなく、わからない部分も多かったが、とにかく気になった。それでシェップに連絡を入れたらケンブリッジに呼ばれ、ランチを共にすることになった。

シェップがマイケルを引き入れたのは、毎年の観測で集まる膨大なデータを読み解き、そこから何かを導き出す理論的な頭脳を必要としていたからだ。指導教官からの推薦状には途方もない絶賛の言葉が並んでいた。若き日のラメシュ・ナラヤンに匹敵する——つまり、理論天体物理学で遭遇しうるどんな問題にも対処する能力と経験を兼ね備えた人材ということだ。そんな彼を、シェップはバスケットボール界の英雄マジック・ジョンソンとマイケル・ジョーダンを足して2で割って「マイケル・マジック・ジョンソン」と呼ぶようになった。着任早々、マイケルに課されたのは2013年春の観測で得られたデータの解読だった。その観測でEHTチームは「偏光（光＝電磁波の振動方向の偏り）」のデータに注目していた。これを読み解けば銀河の中心における磁場の様子がわかり、ブラックホールの食生活の謎の解明につながる可能性があったからだ。

実を言うと、物体がブラックホールの穴にうまく落ちる（呑み込まれる）のは簡単なことではない。強い重力を持つ天体のまわりを安定した軌道で周回する物体は、たとえ中心にいるのがブラックホールのようにどん欲な天体であっても、何かに引きずられなければ軌道をはずれないものだ。現に太陽系の惑星はもう30億年以上、現在のような軌道を回り続けているし、今後も50億年くらいはほぼ同じ軌道に留まることができそうだ。ただし、その後は太陽が燃え尽きてつぶれ、ものすごい重力源と化して水星や金星、そして地球や火星を呑み込んでしまうだろう。

ブラックホールを囲む降着円盤を形成するのは何十億度にも熱せられたプラズマ（原子が電離して電子と陽イオンに分かれて飛び交っているガス）だ。惑星同様、こうした粒子も何かの力に引っ張られないかぎり、ずっとブラックホールを中心とする軌道を回り続ける。たまには粒子どうしがぶつかることもあるが、それだけで軌道をはずれ、穴に吸い込まれるとは考えにくい。何かの力が働いているはずだ。１９７３年にはソ連（当時）のニコライ・シャクラとラシド・スニャエフが「乱気流」説を唱えた。降着円盤の渦に乱気流が発生し、その影響で粒子がブラックホールに落ちていくという仮説だ。しかし、では何が乱気流の原因なのか？

１９９１年、スティーブ・バルバスとジョン・ホーリーは新たな仮説を立てた。宇宙空間には磁場があまねく存在している。恒星も銀河も、中心部に溶けたマグマのある惑星も、すべてが自分の磁場を持つ。こうした磁場や太陽風（恒星風）、超新星爆発などのもたらす電磁波に何億年もさらされた結果、星間空間を満たす塵《ちり》やガスは磁気を帯びている。同様にして、ブラックホールを周回するプラズマも磁気を帯びているのではないか。そう考えた2人は理論的に、ブラックホールの降着円盤を走る見えない糸のような磁力線の予想図を導いた。こうした磁力線は粒子を引き寄せるが、粒子に引きずられて磁力線もブラックホールの周回軌道を回り続ける。そのうちに見えない糸がねじれ、こんがらがり、時には太陽紅炎のような激しい現象も起こす。こうして磁場が降着円盤のガスをかき回すので、ガスに粘り（粘性）が生じ、その粘性のせいでガスは暗黒の穴に引きずり込まれるわけだ。

こうした磁場による攪拌《かくはん》は、ブラックホールの放つ強烈なジェットも説明できる。磁気を帯びたガスがブラックホールに落ち、事象の地平を突き抜けた後も、磁力線は残っている。そしてブラックホールの回転につれてこれらの磁力線が立ち上がり、ブラックホールからエネルギーをもらって、周辺のガスを何十万光年も先まで勢いよく噴き上げている――そういう可能性が考えられる。

2013年の段階で、磁気が粒子の周回軌道を乱して暗黒の穴に落とすという仮説は検証されていなかった。ブラックホール周辺の磁力線を詳細に観測する方法がなかったからだ。しかしEHTチームは、この年の観測で「偏光」のデータを集めていた。教科書的な話になるが、光（電磁波）は電場による振動と磁場による振動を持つ。電場の振動の方向がランダムであれば無偏光、特定の方向だけだと偏光と呼ばれる。そしていて座A*が放つ光（電磁波）の発信源は磁力線の影響を受けた電子だから、すべて偏光している。その偏りを調べれば、そこに作用している磁場の様子を推定できるはずだ。果たしてそれはブラックホール降着の理論が予測したような方向にそろっているのか。それをデータから読み解くことが、EHTに参加したマイケル・ジョンソンの初仕事だった。

ルリクとマイケル、そしてローラが使う部屋は広くて明るく、がらんとしていた。マイケルとローラは互いに反対側の壁に向かって座り、ルリクのデスクは部屋の真ん中にあった。先輩として、新人2人を監督する立場だから。

スタッフが増えたことで、チーム全員の士気が上がった。チームが大きくならなければ成功はおぼつかない。お金も人も、望遠鏡も、もっと必要だった。しかし彼らは、やがて成長に伴う痛みを知ることになる。

11

2013年9月29日の週
ニューメキシコ州サンタフェ

銀河の中心に潜むモンスターの研究に生涯を捧げる学者は、世界中でも数百人程度だ。その多くが2013年9月の最後の週に、アメリカ南西部のサンタフェに集まった。「銀河の中心——通常銀河中心核におけるフィーディングとフィードバック」と題するカンファレンスに出席するためだ。

この種の国際会議は、本来的には科学者たちが最新の知見を共有し真剣な議論を交わすために開かれる。しかし一方で、いわば政治的な駆け引きの火花が散る場でもある。旧市街の高級リゾートホテルに泊まり、早朝の散策で汗を流してから議場に入る天文学者たちは、シェップの論文を専門家として査読する立場かもしれないし、彼の書いた助成金申請書を審査する委員かもしれない。EHT（事象の地平望遠鏡）プロジェクトの成功を確信している人かもしれないし、疑問視する人かもしれない。そうである以上、弱気を見せるわけにはいかなかった。地球規模のVLBI（超長基線干渉計）による観測は2015年までに始められる、間違いない。そう思わせるのがシェップの役目だった。だからVLBIの押しも押されぬ第一人者で恩師のジェームズ（ジム）・モーランが水曜午前のスピーチで、EHTプロジェクトの成功は確信しているが「その前に自分の寿命は尽きるかもしれない」と言ったときは、あせった。スピーチが終わって散会した後には、思わずこう口走った。「あの人、末期癌でも患ってるのか？」。それだけではない。あのハイノ・ファルケが歩み寄ってきて、こう告げたのだ。実は自分たちもヨーロッパで、君たちとまったく同じ観測をするために1500万ユーロ（約18億円）の助成金を申請したところなんだと。

＊　＊　＊

いて座A*の「影《シャドウ》」に関する2000年の論文で注目を集めた当時、ハイノ・ファルケはドイツにあるマックス・プランク電波天文学研究所の研究員だった。職場は自宅のあるフレッヒェンから車で45分の距離。ケルン郊外のこの町に、ファルケ家は17世紀後半から暮らしていた。地元のプロテスタント教会の熱心な信者で、ハイノ自身も教会に奉仕していた。プロテスタントの祖ルーテルの教会と現代物理学の祖アインシュタインの世界を行き来することに、彼は矛盾を感じなかった。むしろブラックホールに聖書の世界を重ねて考えていた。ラザロの物語だ。「イエスがラザロを生き返らせるまで、ラザロは死の向こう側に囚われていて、こっちの世界を見ていたんだ。ブラックホールの中に入ったら、人は同じような経験をするだろう。そこから逃げ出すのは奇跡、イエスの復活に等しい奇跡だ」

２００４年にアメリカで開かれたいて座A*発見30周年のパーティーで、いつかそいつの写真を撮るぞと宣言して以来、ジェフ・バウアーとハイノ、そしてシェップの３人は半月に一度の電話会議（彼らは「テレコン」と呼んでいた）を続けていた。遠く離れていても同じ夢を追っている一体感を確かめ合うためだ。当時の会話記録を見ると、彼らの議論はロックバンドの結成に突き進む若者たちのそれに似ていた。最初のテレコンの記録は、こう結ばれていた。「たぶん、やるべきことをリストアップする必要がある。それから議論の記録は順番で誰かがつけること」。そうやって彼らは、少しずつだが前へ進んでいった。シェップとジェフは信号処理装置を改良するため、カリフォルニア大学バークレー校のチームと手を組んだ。地球外生物の探査に必要なハードとソフトをオープンソースで開発したチームだ。みんなでお金を出し合い、古い原子時計も修理した。

だがしばらくすると、これといった理由もなしに、彼らの関係は疎遠になっていった。ハイノは正式な組織づくりが急務と考えていた。念頭にあったのは、欧州各国が共同で建設したＬＨＣ（大型ハドロン衝突加速器）のような巨大プロジェクトだ。ＬＨＣの目的はヒッグス粒子を見つけることだが、まだ見つかる当てもないのに何十億ドル（何千億円）もの資金を集めていた。それなら事象の地平に挑む自分たちの計画にも何百万ドル（何億円）か集まっていい。ハイノはそう思った。しかしシェップは自分のテクニカルな仕事に没頭しがちで、資金集めや組織づくりには関心がなさそうだった。この調子じゃ目標達成に必要な望遠鏡や技術が手に入るのは何年も先だぞ。そう憂慮したハイノは、観測精度の向上はシェップとヘイスタック観測所のチームにまかせ、自分はひたすら学者としての業績を積み上げて「金の集まる科学者」になろうと決めた。

そして分散投資で確実に運用資産を増やそうとする投資家よろしく、活動範囲を広げていった。ブラックホールとクェーサーの研究を続ける一方、オランダのＬＯＦＡＲ（低周波望遠鏡群＝約２万台の小型電波望遠鏡を集めた観測施設で、宇宙誕生直後の、まだ星もできていない時期に放たれた宇宙線を探るのが目的）にも主要スタッフとして参加した。ピエール・オージェの宇宙線実験にも加わり、地球外知的生命体（つまり宇宙人）探しにも手を貸し、月面に電波望遠鏡を設置する計画の賛同者にも名を連ねた。そして２００７年（シェップたちが初めていて座A*の観測に成功した年だ）にはオランダのナイメーヘンにあるラドバウド大学に招かれ、天体物理学の教授に就任。この地位のおかげで、彼は頻繁にマスコミに登場するようになり、オランダ物理学界のスターとして新聞にコラムを書き、何度も取材を受け、いろいろな賞をもらうことになった。２０１１年にはブラックホールの影についての研究とＬＯＦＡＲへの貢献が認められ、オランダの科学者にとって最高の栄誉であるスピノザ賞を受賞。賞金はおよそ３５０万ドル（４億円）だった。

翌２０１２年、ハイノはこの賞金を手土産にするつもりでシェップと会った。タクソンで開かれたＥＨＴプロジェクト立ち上げ会議でのことだ。「１・３ミリ波ＶＬＢＩの観測に参画し、現在もその努力に物的な貢献をし、あるいは新しいＥＨＴ観測局の建設に寄与している人々や施設」の代表17人が文書に署名し、ＥＨＴが正式な組織となった記念すべき場だ。ハイノはシェップに言った。「私はこの金を使える。何に使えばいいかな？」。シェップがその申し出を受けなかった理由も、自分がその合意文書の署名人に含まれなかった理由も、ハイノには理解できなかった。

ＥＵ（欧州連合）の研究統括機関が「シナジー助成金」のプログラムを発表したのは２０１１年の夏。交付対象は約12件で、応募は８００件を超えると見られていた。つまり助成金を獲得できる確率は１・５％程度。悪くない、やってみるか。ハイノはそう思った。ちょうどいくつかのプロジェクトが完成に近づいていて、次の目標を探しているところだった。そしてマックス・プランク研究所のミヒャエル・クラマー（パルサー〈＝中性子星〉の専門家）も似たような状況にあった。そもそも今度の助成金は、異なる分野のプロが手を組むことで生まれる「シナジー効果」に期待するものだ。そこで彼らは、イタリアの天体物理学者で重力波の数学的モデリングに取り組むルチアノ・レッツォーラも巻き込んで共同研究を立ち上げることにした。目的はブラックホールを観測し、ブラックホールのまわりを周回するパルサーを見つけ、そうした天体のデータをコンピュータで解析し、シミュレーションによって一般相対性理論などの重力理論を検証すること。プロジェクト名は「ＢｌａｃｋＨｏｌｅＣａｍ」とした。その実現には世界中の電波望遠鏡を結ぶ巨大な観測ネットワークを作り、いて座A*の影をとらえる必要があった。彼らが正式な申請書を提出したのは締め切りの日、２０１３年1月10日だった。

そのときハイノは、シェップに一言も相談していなかった。彼らと同じことを、こっちも独自にやる、そんな話はクレージーだ、どうせ通るわけがない。ハイノはそう思っていたらしい。ところが彼らの提案は予備審査を通り、次のステップもその次のステップもクリアした。そしてサンタフェ会議の幕が開くころには、彼らが勝つ確率は相当に高くなっていた。

＊　＊　＊

サンタフェ会議の最終日、金曜の午後。いよいよシェップに発表の順番が回ってきた。参加者の多くはすでにシャトルバスに乗り込み、アルバカーキ空港へ向かっていた。それでも慰めはあった。この一週間は、いろんな場所で「事象の地平望遠鏡」という言葉を耳にした。なかにはシェップと面識のない人もいた。それは自分たちのプロジェクトが学界で認知されてきた証拠だった。

シェップは会議室の正面に立ち、スライドを用意し、いつものように説明を始めた。理論的なバックグラウンド、過去10年ほどで積み上げた成果、そして次の2、3年の予定。スケジュールどおりに進めることが重要だ、と彼は力説した。観測に必要な望遠鏡がすべて現役なうちにやらなければ成功は望めないからだ。「ＡＬＭＡ（アタカマ大型ミリ波サブミリ波望遠鏡群）ができたので、既存のＶＬＢＩ観測拠点のいくつかには運用停止の圧力がかかっている。どこかが閉鎖される前に、最速で取り組む必要がある」。シェップはそう言い、ついでに「Ｇ２」カードを持ち出した。

シェップだけではない。サンタフェでは誰もが、それなりに「G2」のカードを切っていた。G2は地球の質量の3倍もあるガスの雲で、いて座A*の方向へ突進していた。このまま行けば数か月後にはいて座A*に最も近づくはずで、そうなればいて座A*の猛烈な重力によってG2は引き裂かれるだろう。誰もがそう期待していた。それはブラックホールの旺盛な食欲をリアルタイムで観察できる千載一遇のチャンス。だから銀河の中心を研究する世界中の天文学者が、G2の観測を口実に高性能望遠鏡の利用時間を奪い合っていた。シェップも、G2のガス雲は「何万年に一度」のチャンスだと強調した。ただし問題があった。G2は空振りに終わる可能性が高まっていたからだ。世界中の主要な望遠鏡がG2を追いかけていたが、今までのところいて座A*に食われる兆しは認められないのだった。

発表が終わって質疑応答の時間に入ると、当然のことながらEHTの弱点を突く質問が相次いだ。「アメリカだけで何か所の観測拠点が必要ですか」という質問もあった。もっと率直に言えば、使う予定の観測所が1つでも閉鎖されたらお手上げなのか、ということだ。

「悩ましいな、『ソフィーの選択』みたいだ」。シェップはそう答えた。「1つか2つを失っても、私たちはへこたれない。どうにか十分な拠点を確保できると考えている」

それから最高に深刻な質問が出た。あとどれくらいの資金を、あなたは必要としているのか？「君はいくら集めた？」。シェップはそう問い返した。

＊　＊　＊

サンタフェ会議の数週間後、ハイノ・ファルケとミヒャエル・クラマー、ルチアノ・レッツォーラの3人はブリュッセルにある24階建てのモダンなビルに足を踏み入れ、エレベーターで最上階までのぼった。すでに「シナジー助成金」の書類審査はすべてクリアし、残るは最終面接のみ。この時点で、彼らが勝つ確率は40％だった。

面接はパフォーマンスの勝負だから、彼らは入念に準備をした。シナジー効果を演出するために発言の役回りを決め、それぞれのボディ・ランゲージにも磨きをかけた。当日も控え室で、順番が来るまで練習した。いよいよ呼び出され、U字型の講堂に向かうハイノは、闘技場に向かうグラディエーター（剣闘士）の気分だった。彼らは予算に関する質問で滑ったが、それで失ったのは１００万ユーロ（約1億２０００万円）のみ。結果として彼らは１４００万ユーロ（約16億８０００万円）を勝ち取った。

シェップと張り合うつもりはない。ハイノは一貫してそう言っていた。助成金獲得のプレスリリースにも、はっきりそう書いた。そのリリースにはハイノとルチアノ、ミヒャエルの3人がマックス・プランク研究所の屋上で撮った写真が添えられていた。晴れの日にふさわしく、真っ青な空に白い絹雲が浮かんでいた。みんなブレザーにボタンダウンのシャツ、そしてノーネクタイ。まるで息の合ったジャズ・トリオだ。「ファルケが初めてこの実験を提案したのは15年前で、今はその実現に向けて地球規模の『事象の地平望遠鏡』を作る国際的な努力が続いている」。リリースにはそう書いてあった。「私たちのチームは今後、シェップ・ドールマンの率いるEHTと協力していく」

＊　＊　＊

第一線の科学者としても自由意思を持つ人間としても、ハイノには独自のいて座A*撮影プロジェクトを立ち上げ、一番乗りを目指す権利があった。しかし現実問題としてEHTと張り合うのは困難だった。地球規模の観測網を構築するには各地の観測所と手を組む必要があったが、そんな話はついていなかった。一方でシェップは、すでに協力を取りつけていた。だからBlackHoleCamはEHTと合流するしかない。要するにハイノは、お金を出すから一緒にエベレストに登らせてくれと言っているわけだ。シェップはそう思った。確かにいて座A*の研究はしているが、ハイノには登山の、つまり実地の観測経験がないからだ。

そういう話じゃないとハイノは言う。この小さな惑星に地球規模の観測網を2つも作るのが不可能なことは、もちろん承知していた。EUに助成金を申請した時点から、シェップとの協力が不可欠と考えていた。一方で、ビッグサイエンスのプロジェクトは一人のものではないとも信じていた。だから、お金を必要としているシェップがハイノの申し出を断る理由が理解できなかった。ハイノは名のある科学者であり、駆け出しのころからいて座A*の撮影に関する論文を書き続けていた。その自分が、なぜEHTに関われないのか。なぜEHTプロジェクトの発起人に加えてもらえなかったのか。そんな疎外感を抱いてもいた。あるいはまた、歴史的な先例が気になっていたのかもしれない。もしも、仮にもEHTがノーベル賞級の賞をもらえたとして、そのとき自分の名を刻めるのは、何百人ものスタッフのうち2人か3人だけだ。そしてブラックホールの概念を世に知らしめた最大の功績者はジョン・ホイーラーだが、ブラックホール関連で最初にノーベル物理学賞を受賞したのは誰だったか。2002年のイタリア人リカルド・ジャコーニだ。X線観測衛星ウフル（スワヒリ語で「自由」の意）ではくちょう座X1をとらえ、それがブラックホールである可能性が高いことを初めて「観測」で確かめた人物である。仮にEHTがノーベル賞の栄誉に輝いたとしても、そうした観測が可能なことを2000年の論文で示唆した功績だけでハイノの名が刻まれることはない。実際の観測に加わっていなければ、その可能性すらない。だから彼には、どうしてもEHTに加わる必要があった。

その年の12月、ハイノはボストンへ飛んだ。今後の協力関係について、シェップたちと協議するためだ。この最初の会合は、まずまず友好的だった。シェップもまだ煮詰まっていなかった。

シェップは2007年の観測成功以来、いて座A*の撮影に自分の学者人生を賭けると決めていた。だからEHTプロジェクトの先頭に立った。彼は連邦政府の予算に頼る観測所のスタッフ研究員に過ぎず、身分と権威を約束された教授職への出世コースに乗っていたわけではない。残念ながら身分は不安定。そのかわり一つの途方もない夢をひたすら追いかける自由があった。教授職をめざす人にはない自由だ。教授になるには守備範囲を広げなければならないが、彼は一つの実験に専念する覚悟だった。そうであればEHTプロジェクトの主導権だけは誰にも、絶対に譲れない。

しかしシェップにもわかっていた。ハイノたちを仲間に入れる以外の選択肢はない、お互い利用しあうしかないと。お金の問題だけではなかった。たしかに資金は足りなかったが、ハイノとて1400万ユーロ（約16億8000万円）のすべてを好きなように使えるわけではなかった。ブラックホールの観測に使えるのはその三分の一のみで、その使い途もかなりの程度まで指定されていた（EU域内のポスドク研究員を雇うことなど）。一方でシェップは、NSF（全米科学財団）傘下のMSIP（中規模イノベーション・プログラム）の助成金約700万ドル（7億7000万円）を獲得する一歩手前まで来ていた。それが手に入れば、真に地球規模のEHTによる観測を少なくとも一度は行えるはずだった。それでもシェップはハイノの協力を必要としていた。ALMAがあるからだ。ALMAは南米チリの標高5000メートル弱の高地にある最新鋭の電波干渉計で、EHTには欠かせない観測拠点だが、EUと北米、日本の学術機関が共同で運営している。そしてEUの助成金を得たハイノは、いわばEU代表として三分の一の発言権を持つ。彼を敵に回したらALMAを使えず、シェップの計画は頓挫するおそれがあった。

12

２０１４年２月６日
ヘイスタック観測所

ＡＬＭＡ（アタカマ大型ミリ波サブミリ波望遠鏡群）。それは世界最強の電波望遠鏡であり、人類が作った天体観測装置として最も複雑なものだった。そこには66基のパラボラアンテナが並んでいる。場所は南米チリの乾燥したアタカマ高地で、標高は５０００メートル弱。それは３つの夢が合体したもので、構想は１９８０年代にさかのぼる。北米と欧州、そして日本の天文学者たちがそれぞれに、最新鋭のミリ波電波望遠鏡を集めた巨大な干渉計を建設しようと考えた。目的は銀河の構造をつぶさに調べること、惑星誕生のプロセスを観察すること、宇宙で最も高齢な星を見つけること、等々。そして３つのグループとも、アタカマ高地に目をつけていた。南極大陸を除けば、そこが地球上で最も乾燥した高地だからだ。しかし同じ場所に同じような性能の観測所を３つも作るのは馬鹿げていたし、そもそも無理。だから合同で、ということになった。

建設が始まったのは２００３年。乾ききった岩山を崩してならし、光ファイバーのケーブルを敷設し、超ワイドな道路を整備し、高さ2メートル弱の三角形のコンクリート塊１９３個を埋め込み、66基の可動式パラボラアンテナを設置するのだから、土木工事としても壮大な規模だ。個々の電波望遠鏡は、それぞれの目的によって設置の場所や向きが異なる。低温で暗い天体を精密観測するためなら、狭い範囲に整然と配置する。遠くの小さな標的をとらえるのに必要な解像度を確保するためなら、最大で11マイル（約18キロメートル）も離して設置しなければならない。そして巨大プロジェクトの常として、建設作業は当初の予定よりも長くかかった。ようやく開所式にこぎつけたのは２０１３年の３月。チリ政府と米欧日の参加機関がそれぞれに来賓やジャーナリストを招き、お偉方には苛酷な空気の薄い高地でＡＬＭＡの門出を祝った。式典では66基のパラボラアンテナが音楽に合わせて向きを変えた。所長のピエール・コックスは誇らしげに、この観測所は正式オープンの前から数々の興味深い発見をしていると述べた。従来の予想より10億年も前から星を育てていた銀河も見つけていた。

　このＡＬＭＡをＥＨＴ（事象の地平望遠鏡）に組み込めれば真に地球規模の観測網を構築することができ、そうすれば得られる解像度はいっきに10倍になる。組み込めなければＥＨＴの解像度は足らず、いて座A*を撮影できる確率は小さくなる。だからシェップは、ＡＬＭＡで観測する時間枠を確保するために何年も前から手を尽くしてきた。ヘイスタック観測所のチームを動かして、ＡＬＭＡにある66台の電波望遠鏡を結んで１つの巨大な望遠鏡（干渉計）にし、ＥＨＴの観測拠点の１つにする５年計画の改良工事も３年目に入っていた。もともとＡＬＭＡにある66台の電波望遠鏡は、それぞれが独自の目的を持ち、独自に電波を集めて独自の画像をとらえるように設計されている。そのままの状態でＡＬＭＡを地球規模のＶＬＢＩ（超長基線干渉計）に組み込んだらどうなるか。

地球上のあちこちに散らばる観測拠点からのデータをまとめるだけでも大変なのに、その前に66台の電波望遠鏡がとらえたデータの相関処理をしなければならない。たぶん、コンピュータの処理能力がいくらあっても足りない。だからどうしても事前に、ＡＬＭＡにある66台が1個のバーチャルな巨大望遠鏡として機能する仕組みを用意する必要があった。そのためにシェップのチームはＡＬＭＡに大がかりな「外科手術」を施し、その相関器を世界最速の専用スーパーコンピュータに進化させる作業に取り組んでいた。

このＡＬＭＡ改良工事の難易度は、ラシュモア山の岩壁に新たな大統領の顔を刻むのと同じくらいに高い。ＡＬＭＡは公的な科学機関によるグローバルな共同事業で、各国の天文学者の期待は高く、誰もが今すぐ観測に使いたがっていた。だからこそ運営規則は厳格に定められ、使用時間の割り当てで誰かを特別扱いすることは禁じられていた。誰かが何らかの改良を提案し、承認された場合でも、その改良で得られた新しい能力はＡＬＭＡに参画するすべての科学者が対等に利用できるものとされていた。つまり、自分の資金と労力を費やして得た能力であっても、それを使うには他の人たちと同様に順番を待ち、しかるべき申請をしなければならないのだった。

それでもシェップは、参加団体の間に暗黙の紳士協定があるものと信じていた。この改良工事には何百万ドル（何億円）もの資金を投じたのは自分のチームであり、しかも自分たちのプロジェクトには緊急性があった。ＡＬＭＡが完成したことで、よその観測所が閉鎖される可能性は高まっていた。しかしＥＨＴの観測にはすべての観測拠点の参加が不可欠。だから一刻を争う。そう考えるシェップは、当然のようにＶＩＰ待遇を望んでいた。所長の裁量で使える時間枠を特別にもらうか、サイクル２（２０１５年春に割り当てられた公式の時間枠）に割り込ませてもらうか。二つに一つだった。そして決裁権を持つのはただ一人、所長のピエール・コックスだけだ。ところが、どうも最近、そのピエールの態度が煮え切らない。すぐに返事が来ないし、あってもあいまいな答えばかり。シェップはあせった。

この日の朝、シェップは何が何でもＡＬＭＡの使用時間枠を確保するつもりだった。冷静さは保っていたが、気分はパニック寸前。自宅からヘイスタックへ向かう高速道路を時速80マイル（約１３０キロ《メートル》）で飛ばした。年季の入ったホンダＣＲＶの屋根に積もった雪が飛んで、対向車線に降り注いだ。到着するとすぐにマイク・ヘクトとジェフ・クルーをオフィスに呼び入れた。ピエールと電話で話す前に、確かめたいことがあった。

マイク・ヘクトはヘイスタック観測所の副所長で、ＡＬＭＡ改良プロジェクトの責任者。50代で冷静沈着、几帳面で頼れる男だ。ジェフ・クルーはＡＬＭＡ改良を担当する科学者で、現地を何度も訪れていた。茶色の長髪をポニーテールに結んだ気のいい男で、昔のヒッピーに似ていた。そして二人とも、パニック寸前のシェップとつき合う方法を心得ていた。忍耐あるのみ、である。

シェップは自分のデスクに着き、マイクとジェフにキャスターつきの椅子をすすめた。ピエールに電話する前の5分間で、できるかぎりの情報を集めておきたかった。当然のことながら、ＡＬＭＡの現地を一番よく知るジェフが質問攻めにあった。「あそこで、本音で話せる相手は誰だ？」とシェップは吠えた。「名前を教えろ」

「たとえば、スーとか……」

「スー？　知らない名前だ。他には？」

次々と名前が上がり、卓球選手のラリーの応酬のような猛スピードで略語が飛び交った。ＣＳＶ、ＡＰＰ、ＪＡＯ、バージョン１・４対１・６、サイクル３、サイクル４、ＴＡＣ。途中でシェップが「それって去年使ってた略語だな」とさえぎる場面もあった。あっと言う間に5分がたち、マイクとジェフは退室。シェップはドアを閉め、受話器が鳴るのを待った。

ピエールはチリ在住のフランス人。この日の電話会談でも礼儀正しく、まるで外交官のような話しぶりで、けっして本心を明かさなかった。シェップは電話を切った。腹立たしかった。二人は昔話もした。シェップが高周波ＶＬＢＩに取り組み始め、ピエールがＩＲＡＭ30ｍ（スペインにある口径30メートルの巨大電波望遠鏡）の所長を務めていたころの話だ。二人は良好な関係にあり、互いの立場を理解していた。シェップは常にピエールから少しでも多くの観測時間を獲得しようとし、常に笑顔を絶やさぬピエールはしっかりと自分の立場を守りとおす。二人の交渉はいつも、けっして相手を傷つけないスパーリングだった。しかし今日は違った。少なくともシェップにはそう思えた。いつもなら所長の裁量枠を使わせてくれるのに、今日はなぜか渋っているようだった。なぜだ？　シェップには守らねばならないスケジュールがあった。来年中に、真に地球規模のＶＬＢＩネットワークを使って観測しなければならない。しかし所長の裁量枠をもらえなければ、ＡＬＭＡ

を使えるのは早くて２０１６年の春。へたをすれば２０１７年の春になる。そんな遅れは考えたくもなかった。

ピエールはハイノのチームともダイレクトに話をしていた。それを知っているからこそ、シェップは気がかりだった。いったいハイノはピエールに何を話しているのか？　ピエールは来週、南アフリカで開かれる会議でハイノたちと会うことになっていた。彼らの密談は阻止したいが、シェップに南アフリカへ飛ぶ余裕はなかった。他にやるべきことがあったからだ。メキシコのＬＭＴ（大型ミリ波望遠鏡）をＥＨＴの観測網に加える大仕事だ。

13

２０１４年４月24日
メキシコ、プエブラ州トナンチントラ
メキシコ国立天体物理学光学電子工学研究所

エル・グラン・テレスコピオ・ミリメトリコ。現地の人にはそう呼ばれていた。それは銀色に輝く巨大なパラボラアンテナ、プエブラ州（メキシコ）の東端に位置するシエラネグラ（黒い山）の山頂に、さながら初登頂を記念する国旗のように屹立していた。標高は約4500メートル。メキシコでは2番目に高い山だが、すぐ近くには氷河に覆われた最高峰があり、こちらは標高約5550メートル。スペインからの入植者はこの壮麗な山をピコ・デ・オリサバ（オリサバのくちばし）と名づけたが、先住民族には昔からシタルテペトル（星の山）と呼ばれていた。対するシエラネグラは、先住民の言葉でもティルテペトル（黒い山）だ。しかし氷河に覆われた星の山には容易にアクセスできない。だから大型ミリ波望遠鏡（ＬＭＴ）の観測所は黒い山に建てることになった。

ＬＭＴはメキシコ政府がマサチューセッツ大学アムハースト校の協力を得て建設した。メキシコにとっては国家的な科学プロジェクトで、望遠鏡の口径は50メートル、当時としては世界最大だった。工事が始まったのは２０００年で、６年後には当時のビセンテ・フォックス大統領が「完成」を宣言した。あわてた現場の技師たちは形ばかりのレシーバー（受信機）を取りつけ、大統領の臨席する式典に間に合わせた。そして大統領専用ヘリコプターを見送り、「フォクシー（英語で「ずる賢い」の意）」と名づけた張りぼて受信機をはずしてから工事を再開した。この望遠鏡がどうにか実用に耐える段階まで来たのは、その5年後。すると今度は別なヘリコプターが後任の大統領フエリペ・カルデロンを運んできて、別な式典を開くことになった。二度目の除幕式とは言えないので、今度の式典は「観閲式」と呼ばれた。

何かと問題の多い国で総工費５０００万ドル（約55億円）の天文台を建てるのだから、順調に行くわけがなかった。あくまでも噂にすぎないが、巨大なパラボラアンテナを構成する磨き上げたパネル数十枚が何者かに奪われたことがあり、ようやく警察が犯人たちの隠れ家を発見したときには溶かされ、スクラップとして売り飛ばされる寸前だったという。初代所長を務めたアルフォンソ・セラーノ（故人）も伝説的な人物で、シエラネグラ山麓の農園で夜な夜な乱痴気パーティを開き、そこには首都メキシコシティからもセレブたちがリムジンで駆けつけ、メスカル酒を浴びるように飲んだと伝えられる。こんな調子だから、当時のストイックな天文学者たちは慎重に、仮定法で語っていたものだ。「仮にもＬＭＴが完成するとして、そのときは……」

そうは言っても、シェップが訪れた２０１４年にはＬＭＴも順調に動き出していた。新任の所長デビッド・ヒューズはプロの鑑のような人物で、現場をしっかり仕切っていた。そしてシェップには、ＬＭＴをどうしてもＥＨＴ（事象の地平望遠鏡）に加えたい理由があった。とにかく大きいから高い解像度（分解能）が得られるし、立地も最高だ。標高４５００メートルはチリにあるＡＬＭＡ（アタカマ大型ミリ波サブミリ波望遠鏡群）の５０００メートルに次ぐ高さ。しかも米国内の観測拠点と南米チリの間に位置しているから、これが加わればＥＨＴは真に地球規模の観測網になるのだった。

ただしＡＬＭＡ同様、ＬＭＴにも一定のアップグレードが必要だった。まずはミリ波に対応した別なレシーバー（受信機）が必要で、このレシーバーに電波を送る新しい反射鏡も必要だ。それから高速の信号処理機やレコーダー（これらはケンブリッジで、ジョナサンやローラ、ルリクが開発に当たっていた)。超精密な水素メーザー原子時計も要る。しかしＬＭＴには新しいレシーバーを買う予算もなかった。そこでマサチューセッツ大学の天文学者ゴパル・ナラヤナンが予備の部品をかき集め、当座の役には立つマシンを手作りした。メキシコ側は新しい反射鏡の建設を進めていた。信号処理装置の完成はもう少し先だ。しかし原子時計は２０１４年４月のこの日、メキシコ側に引き渡されることになっていた。

　国立天体物理学光学電子工学研究所のだだっ広いキャンパスに、マイクロセミ製ＭＨＭ２０１０アクティブ水素メーザー原子時計が鎮座していた。よく晴れた朝で、空気にはブーゲンビリアの香りと屋台のローカルフードの匂いが漂っていた。

　シェップは施設長のベティ・カマチョにその日の作業を説明していた。彼女はキャンパスの管理人だが、天文学のプロではない。「こいつは重さ５００ポンド（約２２５キロ《グラム》）の時計でして」と、シェップは言った。「私たちはこれを観測機器室に運び込むんです」。この観測機器室というのはコンクリート製のシリンダーで、望遠鏡と一体となって回転する仕掛けになっている。

　施設長は微笑んだ。「どうやって運びこむのか、見たいものだわ」と彼女は英語で言った。「で、どれくらい長く入れておくの？」

「永遠に」とシェップは答えた。「この地球を１個の望遠鏡にするためです」

「水素は何に使うの？」

「空洞に送り込まれた水素はとても、とても精妙なリズムで振動するんです」。この正確な振動が時を刻む。狂いは１００万年に１秒ほどだ。「でも運ぶ途中でぶつけたりすると、ただの５００ポンドの金属塊になってしまう。しかも水素メーザーが正しく動いているかどうかは、別な水素メーザーと比べてみるまで誰にもわからないのです」。そう言ってシェップは一息つき、祈るようにつけ加えた。「信じるしかないことが、科学にもいっぱいあって」

施設長はシェップと6、7人の輸送チームを広い荷物置き場に案内した。小型冷蔵庫くらいの白い容器に収めた水素メーザーは緩衝材に包まれ、木のパレットにボルトでしっかり固定されていた。「危険物内蔵機器」という警告ラベルやアメリカからの輸出許可証が貼られ、斜度警報器もついていた。容器に青いビーズが入っていて、荷物が30度以上傾くとビーズがこぼれる仕掛けだ。親切だが恐そうな現場監督アラク・オルモス・タピアの指揮の下、作業員たちがフォークリフトで容器を慎重に持ち上げ、エア（空気バネ）サスペンション装備のトラックの荷台に乗せると、出発準備は完了だった。

キャンパスから山頂までは、ふつうなら車で2、3時間の距離だ。しかし水素メーザーのお伴だからスピードは出せない。設置作業に立ち会うためマイクロセミから派遣されたパトリック・オウィングスは前の晩に、食事の席で「まあ6インチ（15センチメートル）くらい落としたら、あきらめてくださいね。工場へ送り返すしかないですから」と言っていた。

他にも心配の種があった。出荷にあたって工場ではメーザーの電源を落とし、イオンが入り込む真空室を閉ざしていた。この状態で6日も経過すると、以後はメーザーが立ち上がらなくなる可能性が徐々に高まる。今回は税関で時間を取られたこともあって、すでに7日目。「ぐずぐずしてる暇はないぞ」。シェップはみんなに号令した。

　市街地を抜けた隊列は自動車専用道路を時速20マイル（約30キロメートル）で、ハザードランプを点滅させて走っていた。「ＯＫ、予定より少し遅いだけだ」。メキシコ政府所有のシボレー・サバーバンに乗るシェップが無線でアラクに告げた。

　アラクは例のエアサスペンション付きトラックに乗り込み、先頭を走っていた。しかし路面のでこぼこを避けようとするからスピードが出ない。シェップは携帯電話で、別なトラックに乗る地元の天文学者ホナタン・レオンタバレスを呼び出し、アラクにスピードを上げるよう頼め、ただし彼の機嫌を損じないように注意してくれと指示した。「とにかく今夜中に山頂へ着かねばならない。今のスピードだと、真っ暗闇の山道をのぼることになりかねない。ハザードランプをつけてる場合じゃないんだ、頼む」

　電話を切ったシェップは同行する私たちに、「よし、時速70マイル（約１１０キロメートル）まで上げるぞ」と言った。そして実際に時速70マイルを超えると、揺れが少なくなったように感じられた。「いいぞ」。シェップは言った。

「こういう雲は嫌だな」とシェップが言った。「観測の邪魔になるからじゃない。嵐がやってきて、道路が水浸しになったら最悪だぞ」

出発してから3時間がたったころ、ようやくシエラネグラが視界に入った。フォトジェニックな「星の山」と違って、こちらの山は確かに焦げ茶色で岩だらけだ。まだだいぶ離れているが、山頂のLMTは、垂れ下がる黒い雨雲の切れ目からさん然と輝いて見えた。

頂上までの道が険しいのは誰もが承知していた。道路はきちんと整備されていたが、スピード違反を防ぐためのバンプ（路面に設けた突起物）はやたらとでかい。しかも舗装道路を抜けた先には、長くくねった泥道が待っている。

車列は自動車道路を下りて2車線の道に入った。路面は荒れているし、幅はだんだん狭くなる。メーザーを積んだ先頭のトラックは慎重に、昔ながらの煉瓦づくりの住宅が並ぶ村々を抜けていく。地元の神様の社殿があり、ガチョウが歩き回り、犬が寝そべっている。沿道には巨大なサボテンの木。材木を背負ったロバを導く男たちがいるかと思えば、どこからともなく現れた羊の群れが行く手を阻む。羊は悩みの種だ。伝説によれば、かつて山を下っていたLMTの職員が3頭の羊を轢いてしまったことがある。その職員は村人に金を払って羊を買い取り、持ち帰って盛大な宴を開いたそうだ。

この先は石ころだらけか、さもなければ泥道。石ころと泥、石ころと泥。やがて石ころも消えて土だけの道になったころ、行く手に何頭かの馬が見えた。気がつけばシェップはカントリー音楽の定番でジョニー・キャッシュの持ち歌「テネシー・スタッド」を口ずさんでいた。そして同乗していた映画監督のイゴール・ヒメネスに、天文学のツボを手短かに説明した。水素メーザー設置作業の記録映像を撮るため、シェップはメキシコシティでこの男を雇っていた。

「知ってのとおり、相対性理論を唱えたのはアインシュタインだが、当時は誰も、それが正しいかどうか疑っていた。そこでイギリス人のアーサー・エディントンという人が考えた。『では次に日蝕が起きるのを待って、そのとき太陽の近くに見える星を観測してみればいい。（アインシュタインの説が正しければ）その星の光は曲がって見えるはずだ』とね。それでイギリスはブラジルとアフリカに観測隊を送り込んだ。だけど、もちろん天候が悪ければ観測はできない。天候は運まかせ。ぼくだって、吹雪の日に原子時計を運ぶってシナリオを書いたわけじゃない」

山裾の検問所を抜けると、その先は常緑樹の森を切り開いた急勾配の上り坂で、スイッチバックが続く。雨が降り出し、雪になった。さらに登ると森もなくなり、雪が激しくなった。車列は厚い霧にすっぽり包まれた。

「すごいの一言だな」。シェップが言った。すぐそこにあるはずの谷は消えていた。「何も見えない。雲の真ん中にいるんだ」。車列は止まった。この高さまで来ると天気は気まぐれだ。雪はこのまま降り続けるかもしれない（実際、観測所のスタッフが何日も雪に閉じ込められたこともある）し、急にあがるかもしれない。この日の場合は後者。吹雪は数分で終わり、トラックは再び前進を始めた。

ようやく頂上に着き、金属製の巨大なゲートを抜け、砂利敷きの広場で車列はストップした。近くで見上げる望遠鏡は途方もなく大きい。白い台座の上に立ち上がる口径50メートルの銀色に輝くディッシュ。高層ビルの真下にいるような圧迫感を覚える。空は晴れあがり、目の前に「星の山」の氷河が見える。駐車場の端に置かれた手押し車には、誰かがスプレーで吹きつけた落書きがあった。「ケ・メ・ベス、ペンデホ？（何を見てやがる、このクソったれが！）」

紺のオーバーオールを着た作業員が手順を説明し、ホナタン・レオンタバレスが英語に訳してシェップに伝えた。ホナタンが指さしたのは工事現場にあるような大型クレーン。「あれで、メーザーを下ろすのか？」。急いでこんな高地まで来ると、人はしばしば錯乱状態に陥る。シェップは急に笑い出した。「ちょっとさ、大げさすぎない？」

ドライバーの一人がエアサスペンション付きのトラックに戻り、コンクリートで固めたスロープを慎重に下って建物の荷受け口に着けた。作業員たちが荷台の覆いをはずし、水素メーザーの入った白い容器に緑色のナイロン・ストラップと太いロープを巻きつける。おかしな服を着た男がゲーム機のコントローラーみたいなものを操作し、クレーンを容器の真上に移動する。クレーンの先端にあるフックにロープを引っかけると、作業員は全員退避。シェップが息を呑む。クレーンがうなり、メーザーがふわりと持ち上がる。「浮いたぞ」。シェップがつぶやく。例の男がクレーンを巧みにあやつり、容器を床に下ろす。そこから先は作業員たちが手で支え、建物のなかに運んだ。

メキシコのLMT（大型ミリ波望遠鏡）

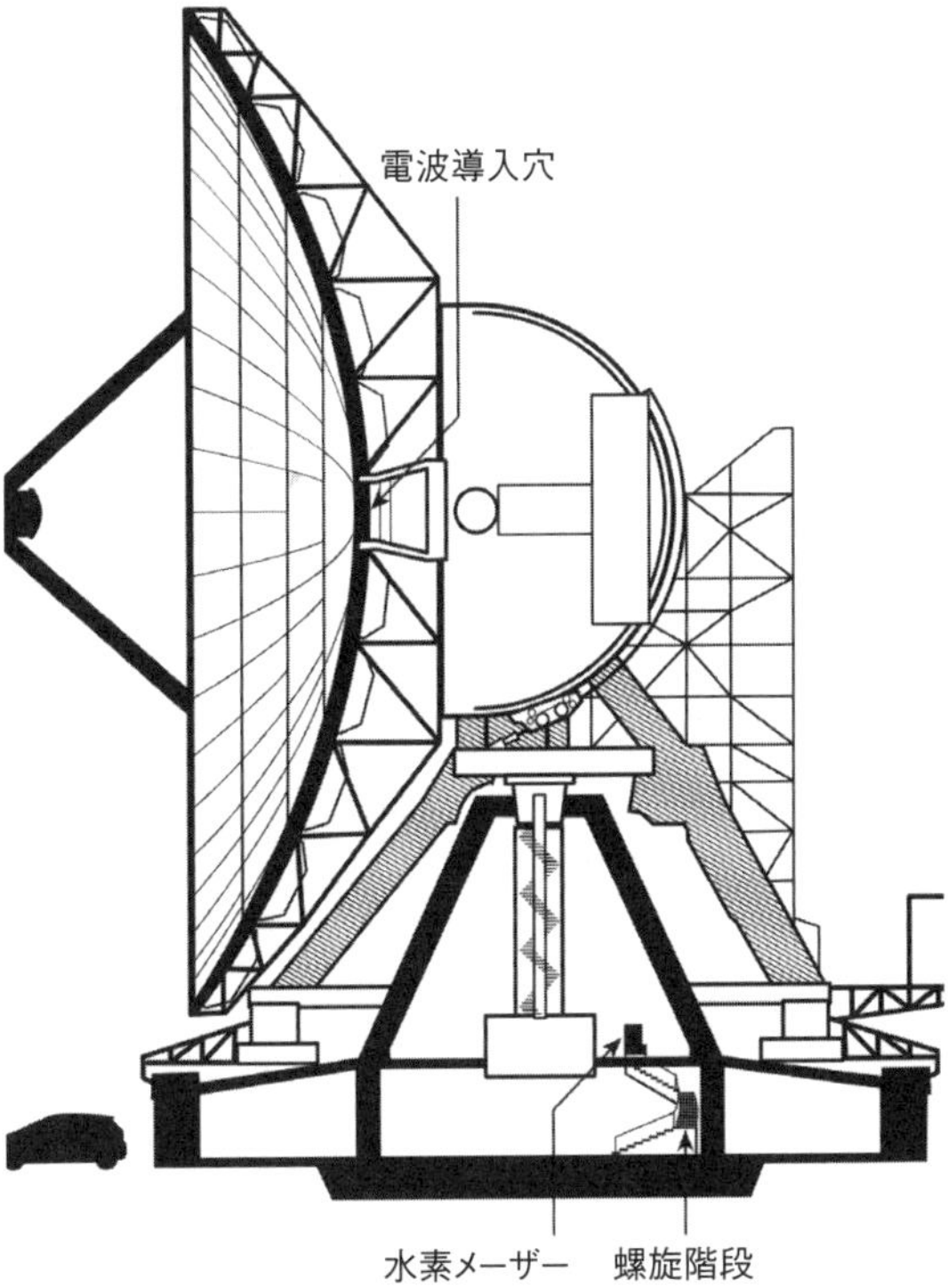

その晩は車で1時間ほど下った山麓のベースキャンプで休息を取り、翌朝シェップたちは再び山頂に戻った。あの500ポンドの水素メーザー原子時計をどうやって上の階まで運ぶのかは見当もつかなかった。

1階から2階へは螺旋階段があるのみ。現場の作業員たちは3階に設置したウインチ（巻き上げ機）で原子時計を吊り上げる計画を立てていた。2階には大きな観測機器室があり、そこは筒状で円錐形の建物となっている。その内部にも金属製の階段があり、それをのぼると3階で、その床には金属板が敷いてある。ここにウインチを固定して頑丈なケーブルを1階まで垂らし、原子時計にフックを引っかけ、巻き上げて2階へ運ぶ。簡単そうに聞こえるが、問題は吹き抜け部分の空中に浮かんだ原子時計をどうやって2メートルほど水平移動させ、2階に着地させるかだった。

ここから先の作業は、スペイン語で説明されても理解不能だった。論理的な思考も役に立たない。目を丸くして見守るシェップたちには、作業員たちが白人のヒマラヤ登山を助ける現地のシェルパに見えた。まずは折りたたみ式のアルミ製の梯子をいくつか広げ、ロープで結んで吹き抜けの空間に渡した。氷河の崩落した部分に即席のブリッジを渡す要領だ。ウインチがうなりを上げ、原子時計がコンクリートの床から15メートルほどの高さで中吊りになる。命綱をつけた作業員がアルミの即席ブリッジを伝って慎重に原子時計に近づく。3階から別なフック付きケーブルが下りてくる。作業員が原子時計を押して少し動かし、新しいフックを引っかける。このタイミングで上階にいる作業員が最初のケーブルを少しゆるめると、荷重は別なケーブルのほうにかかる。あとはこれの繰り返しで、原子時計はケーブルからケーブルへと手渡され、吹き抜けの空間を渡っていった。この間、およそ10分。原子時計は無事に、青いゴムマットを敷いた2階の床に落ちついた。

荷ほどきは、ちょっとセンチメンタルな儀式だった。まずは原子時計を納めた木枠のボルトをはずすのだが、シェップたちは順番に、一人一本ずつはずすことにした。バラク・オバマ大統領が医療保険改革法案に署名するとき、24本のペンを使ったのに似ている。ボルトは大事に保管することにした。もしかして原子時計を搬出する必要が生じるかもしれないからと誰かが言うと、そんなこと考えたくないと言ってジェイソン・スーフー（ヘイスタック観測所のITマネジャー）がヒステリックに笑った。それからみんなで容器の蓋と側板をはずすと、ついに水素メーザー本体が姿を現した。黒光りするボックスで、小型のATMくらいのサイズだ。

このブラックボックスに命を吹き込むのはシェップとパトリック、ジェイソン、そしてヒセラ・オルティス（メキシコ国立自治大学の大学院生）の役目だった。延長コードを取りつけ、バックアップ用の電池をセットし、いくつもあるバルブを順番に開いていく。作業は一つずつ手順を全員で確認し、記録をつけながら進めていく。なにしろ5000メートルの高地だ。天文学者とて平常心を保てるとは限らない。空気が薄ければ頭が酸素不足に陥る。こういうときは判断ミスがつきものだ。

六角レンチをまわした回数を数えるシェップたちを尻目に、作業員たちは材木を持ってきて次の仕事に取りかかった。ノコギリやドリルの音がコンクリートの部屋に響き、あっと言う間にウサギ小屋のような構造物ができあがった。これが水素メーザー原子時計の新居となる。「次は水素を送り込む番だ」。パトリックがシェップに言った。「あそこに手を入れて、くるっと一回転させるんだ。回しすぎると君の手に吹き出してくるが、心配はない」

シェップは床に膝をつき、装置の底部にある小さな開口部に手を入れ、くるっと回した。すると水素分子が貯蔵容器から放電管に送り込まれる。そこで電弧が水素分子を引き裂くと原子が飛び出す。これらの原子は磁場を通って銅製の共振筒内にあるクオーツ貯蔵管に導かれる。メーザーが正しく作動していれば、いずれ放電管が紫色に輝くはずだ。「よし、あとは待つだけだ」。シェップがつぶやいた。

そして、待った。その間に原子時計を電波望遠鏡の中枢神経につないだ。円錐形の筒から上の階までケーブルを走らせた。上の階はコントロールルームになっていて、最新鋭のレシーバー（受信機）や信号処理機、高速レコーダーなどがそろっていた。加圧されているから、標高5000メートルでも割りと快適に過ごせる。

時が過ぎ、日が暮れるころになると、みんなが代わりばんこに原子時計の脇に膝をつき、底のほうをのぞき込んだ。放電真空管はピンク寄りの紫色に輝いていた。どうやら水素メーザーは生きているらしい。ほっとしたが、もうみんな限界だった。空気が薄すぎる。「頭が痛い」とシェップは言った。「うちの母親の言い草を借りれば、5リットルの袋に10リットルの洗濯物を詰め込んだ感じだ」。それからみんなで、作業員たちの用意してくれたウサギ小屋サイズの覆いを持ち上げ、原子時計にかぶせた。寒いといけないから、毛布もかけてやった。

14

２０１４年６月11日
マサチューセッツ州ケンブリッジ
ハーバード・スミソニアン天体物理学センター（ＣｆＡ）

ＥＨＴ（事象の地平望遠鏡）プロジェクトの立ち上げを正式に発表した２０１２年のタクソン会議で17人が署名した文書には、追って詳細な運営規則を明記した了解覚書を作成するとの一項があった。それから2年、まだ覚書はできていなかった。とくに必要としなかったからだが、ハイノのチームが合流するとなると話が違ってくる。しかるべき規則をつくり、メンバーを増やす場合の条件を定めなければならない。新規加入者に求められる資格や果たすべき役割、そして新規加入者の権利も明文化する必要があった。

ハイノは自分の得たＥＵの助成金を、いわば「持参金」としてＥＨＴに加わろうとしている。そう思うとシェップのはらわたは煮えくりかえった。要するにあいつらは、自分たちが10年かけて、あらゆるリスクを引き受けて築いてきた成果を横取りしたいだけだ。これって不公平じゃないか？

実際には気性や性格の違いが問題だったのかもしれないが、シェップはこう思っていた。なぜこんな文書づくりにつき合わなければいけないのか。それは自分たちが今、歴史的快挙の寸前にいるからだ。だからみんな、仲間に入りたがるのだと。シェップの考えでは、ＥＨＴの掲げる目標は天文学や物理学だけでなく、科学全体にとって画期的なものだった。そこへハイノたちが加われば、ブラックホールの最初の写真が撮れる前に（あるいは撮れた後に）致命的な仲間割れが起きるおそれもあった。しかもその歴史的瞬間まで、あと1年か2年しかないのだった。

そうは言っても、一定の組織図やルール、手続きを定めた覚書を完成させる必要は誰もが感じていた。歴史的瞬間を迎えたとき、アバウトな組織では困る。そしてこの年の6月前半は、忙しい教授陣や観測所の所長など関係者全員が集まれる稀な機会だった。ＳＭＡ（サブミリ波望遠鏡群）の10周年を祝うカンファレンスがあるので、学界の重鎮もケンブリッジにやって来ることになっていた。ところがシェップは春から大忙しだった。水素メーザー原子時計の設営があり、助成金申請書の作成もあった。雑用も山ほどあり、おまけに6月後半には家族旅行でイスラエルに行くことになっていた。だから、何でも自分でやらないと気の済まない男にしては珍しく、他人の助けを借りることにした。覚書（シェップ自ら「ＥＨＴ憲章」と名づけた）の骨子を知り合いの所長2人に送り、体裁を整えてくれるよう依頼した。これが大きな間違いだったと、シェップは後に語っているが、むろん「後悔先に立たず」である。

戻ってきた憲章案には、やたらと法律用語が並んでいた。関係者全員がＣｆＡに集まったその日に届いた文書は「ＥＨＴの建設と運用に関する連携覚書」と題され、「よって、ここに」みたいな表現があふれ、しかも「監督・統制にあたるＥＨＴＣ理事会」（ＥＨＴの下のＣはコラボレーション（連携）のＣで、ハイノたちのグループとの合流を意味していた）とＥＨＴ運営グループを設置し、その運営グループの議長は理事会の直属と位置づけられ、理事会は科学諮問委員会に意見を聞くことになっていた。起草に携わった2人を除けば、みんな初めて見る文書だった。しかもこれが、２０１２年に署名したわずか2ページの合意書に取って代わるものとされていた。

シェップは気に入らなかった。要するにディレクターは、その理事会とやらの指示に従わねばならないのか？　仮に自分がディレクターに指名されたとして（その保証すらないが）、その理事会は自分を解任できるのか？　その科学諮問委員会ってのは何だ？　自分たちが観測し、解析したデータから宇宙の深い謎を探るのは「委員会」のお偉方にまかせろってことか？　そこが一番おいしい部分なのに。

結局、この憲章案には異論が噴出した。おかげで予定した2時間半のほとんどを憲章案の議論に費やしてしまい、最もデリケートな（つまり明文化はできないが事前に決めておきたい）問題はまたも先送りされた。もしも「連携」版のＥＨＴでブラックホールの撮影に成功した場合、その功績は誰に帰すのかという問題だ。

＊　＊　＊

イスラエルへ旅立つ前日、シェップは夜遅くまで妻エリーサと話し込んでいた。いつもの自信は揺らいでいた。昼間、ＮＳＦ（全米科学財団）が電子メールで、明日、７００万ドル（約７億７000万円）の助成金の件で話があるので電話してくれと言ってきた。ＮＳＦがすでに一件の申請を却下しているのは知っていた。助成金の審査では先に「ＮＯ」の通知を出すのが常で、「ＹＥＳ」の返事はなかなか来ないものだ。「ＹＥＳ」ならば返事が来るのは9月になってからだろうと、シェップは読んでいた。6月中に話があるというのは、たぶんよくない知らせだ。正式な「連携」覚書を添えずに申請していたから、それが引っかかったのかもしれない。家族4人で初めて大西洋を越える旅への不安もあった。その晩の彼が妻に、こう漏らしたとしても不思議ではない。もう終わりだ、明日になればＮＳＦの連中が却下を知らせてくる、そうなったらＥＨＴは未完のまま葬られてしまうんだ……。

翌朝、旅の支度で家中をかけずり回る妻エリーサと子どもたちを尻目に、シェップはＮＳＦの担当者に電話を入れた。それで、結果は？　朗報だった。どうやらＮＳＦは正式な覚書の欠落を（少なくとも当座は）見逃してくれたらしい。しかも申請どおり７００万ドルの満額回答だ。電話を切ったシェップは猛スピードで関係者全員に電子メールを送った。すぐに続々と「おめでとう」の返信が舞い込んできた。歓喜の瞬間。だが誰も、内心では気づいていた一つの事実に触れなかった。

ＥＨＴに参加するＣＡＲＭＡ（ミリ波天文学研究望遠鏡群）も同じ助成金を申請していたという事実だ。ＥＨＴは勝ったが、ＣＡＲＭＡの申請は却下された。資金を絶たれたＣＡＲＭＡの余命が１年とないのは明白だった。

第三部

ブラックホールのファイアウォール（炎の壁）

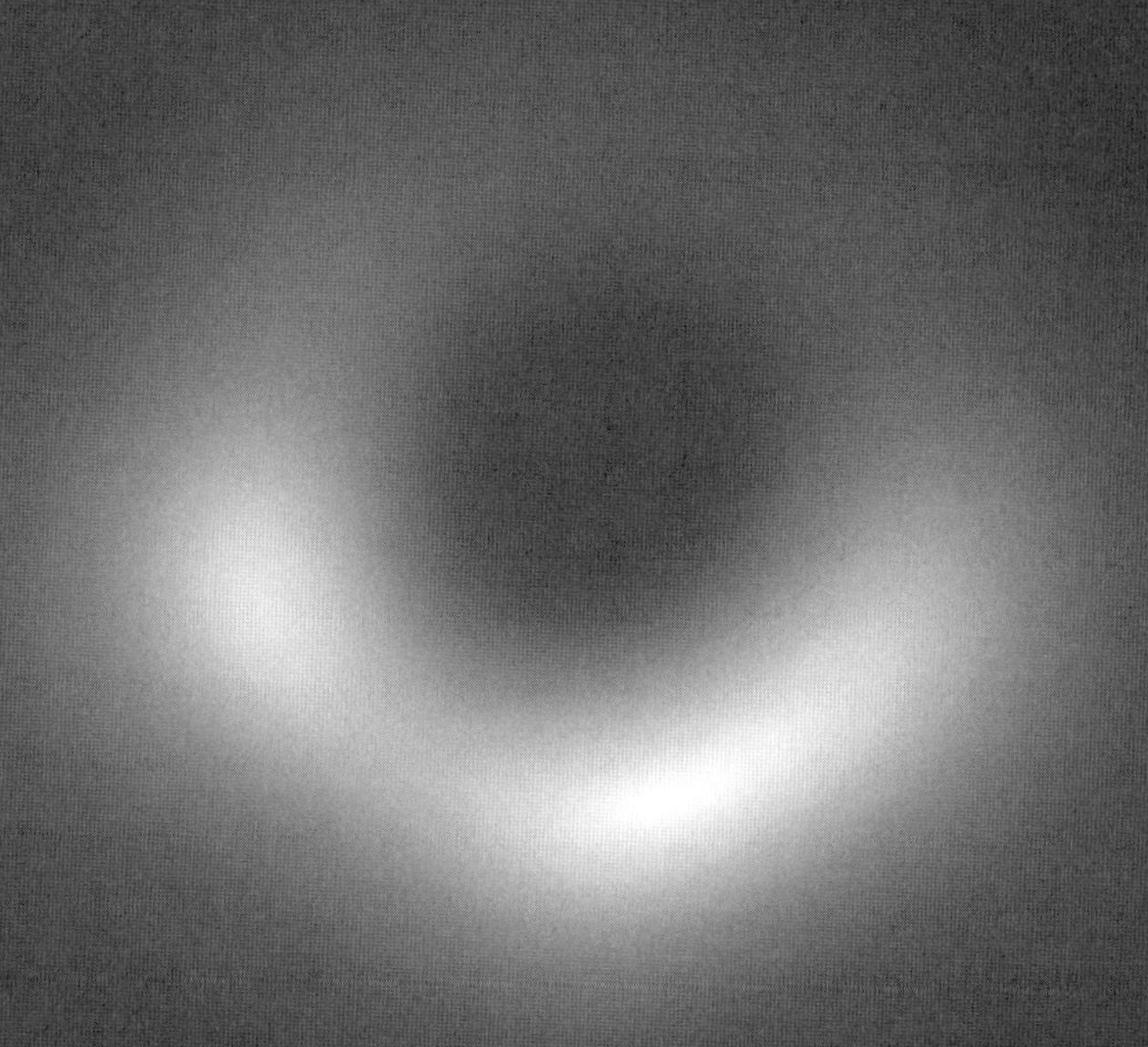

15

ものは考えようなのだが、ブラックホールは「この世に希望はない」という天のお告げと言えなくもない。私たちが近づきすぎれば、ブラックホールは片っ端から捕まえて、私たちの存在した形跡をすべて消し去り、一気に呑み込んでしまう。そんな運命、たいていの人は受け入れられない。だからこそ理論物理学者たちは長年にわたり、「ブラックホールはすべての情報を破壊する」というスティーブン・ホーキングの予言（１９７４年）と格闘してきた。絶対に逃げ出せない監獄としてのブラックホールに収監される寸前に、情報を救い出せるルートがあってほしいと思えばこそだ。ブラックホールに呑み込まれた情報は別な宇宙に吐き出され、新たな生を育むのではないかと考えた人もいる。ブラックホールが蒸発した後には何らかの燃えかすが残り、そこに呑み込んだ情報の痕跡が残されていると考えた人もいる。どちらも希望的観測に過ぎなかったが、１９９０年代に入るとレオナルド・サスキンドらが新たに「ブラックホールの相補性」という議論を提起した。

この仮説は、１９３０年代にＪ・ロバート・オッペンハイマーとハートランド・スナイダーが唱え、当時の科学者たちに拒絶された「事象の見え方は観察者に依存する」という議論を踏まえている。オッペンハイマーらは、ブラックホールに落ちた人が体験するであろう現実は、それを離れて観察する人の見る現実とはまったく異なると予想した。そもそも量子力学の世界では、光は波であると同時に粒子でもあり、どちらに見えるかは観測のしかた次第だ。ブラックホールの場合も同じだと、サスキンドらは考えた。つまり、そこへ落ちた人は事象の地平を通りすぎ、まっしぐらに特異点に吸い込まれ、その後は私たち人類の理解を超えた何かになるのだろう。しかし離れた場所から観察する人は、落ちた人が事象の地平でぺしゃんこにつぶれるのを見るだろう。どちらの現実も正しく、そこに矛盾はない。なぜなら矛盾の存在を確かめる実験は不可能だからだ。事象の地平を抜けて落ちていく体験を証言できる唯一の観察者は向こう側にいるから、こちら側の人間とは絶対にコンタクトできない。

この相補性の議論では、事象の地平のすぐ上に不思議な表面があると想定し、そこにブラックホールの内容物の情報が蓄積されていると考える。ブラックホールが呑み込んだものすべての、言い換えれば時空を形成する最も基本的なもの（現代物理学で言うストリング［弦、ひも］、ブレーン、ループなど）の状態に関するすべての情報だ。時空の情報を二次元の面に記録するというアイディア自体は、とりたてて乱暴なものではない。いわゆるホログラムは、三次元の領域に関する情報を二次元的な面に記述している。だから、ブラックホールの内容物に関する情報が事象の地平のすぐ上にある面に書き込まれているという考え方は「ホログラフィック原理」と呼ばれることになった。

ある領域のすべての内容物（ミクロの素粒子一つずつの状態に関する全情報）を、その領域のすぐ外側にある二次元の面に（ホログラムのように）書き込めると言われても、にわかには信じがたい。しかし数学と論理で宇宙の謎を解き明かせると信じるかぎり、そういう結論にならざるを得ない（三次元の領域が、二次元的な境界面に書き込める以上の情報を有することはあり得ない。情報があふれたらブラックホールへ落ちてしまうからだ）。現在では、このホログラフィック原理は拡張され、ブラックホールだけでなく宇宙全体の描像とも考えられている。

1997年にスティーブン・ホーキングはジョン・プレスキルと賭けをした。もちろん自分の予想どおり、ブラックホールは本当に情報を「破壊する」というほうに賭けた。しかし2004年に負けを認めた。すでにホログラフィック原理が広く受け入れられていたからだ。これで宇宙的な情報喪失の危機は去ったかにみえた――が、そう簡単に決着はつかなかった。8年後、危機は再来した。

2012年の春、カリフォルニア大学サンタバーバラ校の理論物理学者ジョゼフ・ポルチンスキ（故人）は同僚のドナルド・マロルフと二人の学生（アーメド・アルムヘイリとジェームズ・サリー）と共に、ブラックホールの相補性の標準的な描像の足りない部分を埋める計算に着手した。ところが意に反して、相補性の議論には欠陥があり、どう考えても成り立たないことに気づいた。

ポルチンスキらによれば、相補性を支持する議論に含まれる欠陥は小さなものだが、とんでもない結果をもたらす。見落とされていたのは「量子もつれ」と呼ばれる現象だ。それは対になったミクロの粒子の間に発生しうる不思議な相関のことで、ポルチンスキはサイエンティフィック・アメリカン誌でこう説明している。「粒子をサイコロにたとえるなら、もつれ合った粒子は2つ1組の特殊なサイコロで、一緒に振って出た数字を足すと必ず7になる。つまり最初のサイコロの数字が2であれば、もう1つのサイコロの数字は必ず5になる。最初が1なら次は6、以下同。同様にして、もつれた粒子の一方のプロパティを測定すれば、パートナー粒子のプロパティも求まる」。しかも「もつれ」の状態は2つの粒子がどんなに離れていても維持される。たとえ一方がブラックホールの事象の地平に落ちていてもだ。

この「もつれ」はブラックホールの蒸発において重要な役割を果たす。量子力学の世界では、真空とて空っぽではなく、対になった仮想粒子が勝手に生成と消滅を繰り返している。通常、仮想粒子の生成と消滅は同時に起きる。しかしブラックホールの事象の地平の近くでは様子が違ってくる。そこでは重力が非常に強いから、生まれたばかりの仮想粒子のペアが引き裂かれることもある。そのとき一方はブラックホールに呑み込まれるが、他方は逃げのびて「真の」粒子となる。これがホーキング放射の正体だ。

相補性の議論では、ホーキング放射の粒子でも「もつれ」は維持されていると考える。しかしポルチンスキらは、そうだとすると矛盾が生じると論じた。繰り返すが、ホーキング放射はもつれ合った仮想粒子の出現に由来する。一方は落ち、一方は逃げのびてホーキング放射となる。それでも「もつれ」たままだとすると、量子のもつれはモノガミー（単婚性）だという前提に反する。ホーキング放射の粒子が落ちた仮想粒子と「もつれ」たまま、同時に別な（やはりブラックホールから逃げおおせた）粒子と「もつれ」ることはできない。だからホーキング放射が起きるときには2つの粒子の「もつれ」が切断されると考えざるを得ない。そして「もつれ」の切断は物理的なプロセスだからエネルギーを解放する。それも、ポルチンスキらの計算によれば、すべてのものを焼き尽くせるほどのエネルギーだ。つまりブラックホールの事象の地平は燃えさかる炎の壁《ファイアウォール》であり、そこが時空の果てなのだ。

物理学界には激震が走った。「こんなに驚かされたのは初めてだ。まだ先が読めない」と、物理学者のラファエル・ブッソはニューヨーク・タイムズ紙に語っている。ブッソに言わせれば、ファイアウォール問題が科学者たちに突きつけたのは「地獄のメニュー」であり、どう読んでも先は暗い。同紙の記者は書いている。「情報が失われうるとすれば、アインシュタインの等価原理が間違っているか、ミクロな世界を記述する量子論的な場の理論が間違っていて修正を必要としているかだ。どちらを破棄するにせよ、それは物理学にとって革命的なことか悲惨なことか、あるいはその両方だろう」

この非常事態に、理論物理学者たちは間髪を入れず、さまざまな解決策を提案した。2014年1月22日にはスティーブン・ホーキングも参戦し、ネット上に4ページの論文を発表した。そこに「ブラックホールは存在しない」という文言が含まれていた。先端科学の報道にはよくあることだが、この文言だけが抜き出されて引用されると、とんでもない誤解を招く。有名な雑誌ニューヨーカーのウェブサイトに、「スティーブン・ホーキングのブラックホールに関する暴言は聞くにたえないと、（政治家の）ミシェル・バックマンが反論」というおかしな記事が載ったほどだ。実際には、ホーキングはブラックホールの存在を否定していなかった。しかし彼は、事象の地平に関する新しい考え方を提案していた。もしかすると、帰還不能とされていた事象の地平は光や物質を一時的に捕らえるだけの「見かけの」地平かもしれない。もしかするとそれはいずれ消滅し、捕らえていた情報をすべて（信じがたいほど歪められた形であるとしても）解放するのではないか。この推論が正しければ、ブラックホールが情報を破壊するというホーキング自身の懸念も、そこから派生した諸問題（ファイアウォール論を含む）も解消されることになる。当時のホーキングはすでに神にも等しい存在だった。しかし、別な解釈を提示する人も少なからずいた。

カリフォルニア大学サンタバーバラ校の理論物理学者スティーブ・ギディングスは長年にわたり、情報がブラックホールから逃げ出す仕組みを探っていた。そしてついに、この難問を解くカギを見つけた。「局所性」である。

ブラックホールの情報パラドックスは、一般相対性理論と量子力学の矛盾として語られることが多い。しかし、とギディングスは考えた。実際はもう少し複雑で、事象の地平では3つの大原則がぶつかりあっている。一般相対性理論を支えるアインシュタインの等価原理と、量子力学の方程式が時間的にどちらの向きでも成立することを要求するユニタリー性、そして局所性だ。局所性は実に直感的な概念で、簡単に言えば万物は何らかの場所（局所）にあるということ。しかし科学的な厳密さで局所性を定義するのはひどく難しく、一般には光の速さとの関係で定義されている。つまり、局所性が宇宙の普遍的な事実であるとすれば、この世界では無数の粒子が互いにぶつかり合い、力を交換していることになる。力は粒子から粒子へと運ばれるわけだが、何者も光より速くは移動できない。力を運ぶ粒子も、光速を超えたスピードでは運べないことになる。

しかし、局所性にほころびがあることは知られている。たとえば「量子もつれ」の場合、もつれ合った粒子はどんなに離れていても（たとえ異なる銀河にいても）瞬時に力を伝え合う。ギディングスによれば、一般相対性理論の一部と量子力学の間にはどうしても折り合えない部分があり、局所性の問題もその一つだ。そもそもブラックホールが情報を隠し、破壊できるのは局所性の原理ゆえだ（何者も光より速く移動できないし、その光もブラックホールから逃げ出せないから、いったん捕らえられた情報は絶対に逃げ出せない）。しかし何らかの非局所的な効果（光より速く瞬時に移動する力）があれば、ブラックホールの内側から外の世界へ情報を伝えることが可能になる。そうなれば世界は救われるわけだ。

ギディングスはまず、ブラックホールの生涯のどこかで、今までに呑み込んだ内容物の痕跡が何らかの、未知の物理学的な機制によって光速以上のスピードで飛び立ち、事象の地平を越えて脱出する可能性を検討した。これはかなり乱暴な議論だ。そこで彼は、もう少し穏当な可能性を考えてみた。ブラックホールに落ちた情報を、そこへ落ちる寸前に逃げのびたホーキング放射のエネルギーに書き込む方法はないだろうか？　そして彼は一つの方法を見つけた。もしもブラックホールの重力場にかすかな揺らぎがあれば、そしてそうした揺らぎがブラックホールの内容物に依存するのであれば、そしてその揺らぎが事象の地平の外側で感じ取れるなら、その揺らぎは逃げのびたホーキング放射に影響を与えるだろう。それがブラックホールに捕らえられた情報の脱出ルートだ。

　この「非暴力的情報転送」というアイディアは、もちろん推論にすぎない。しかし、これくらい大胆な仮説を立てなければブラックホールの情報パラドックスは解けない。しかも他の多くの仮説

事象の地平では何が起きているか

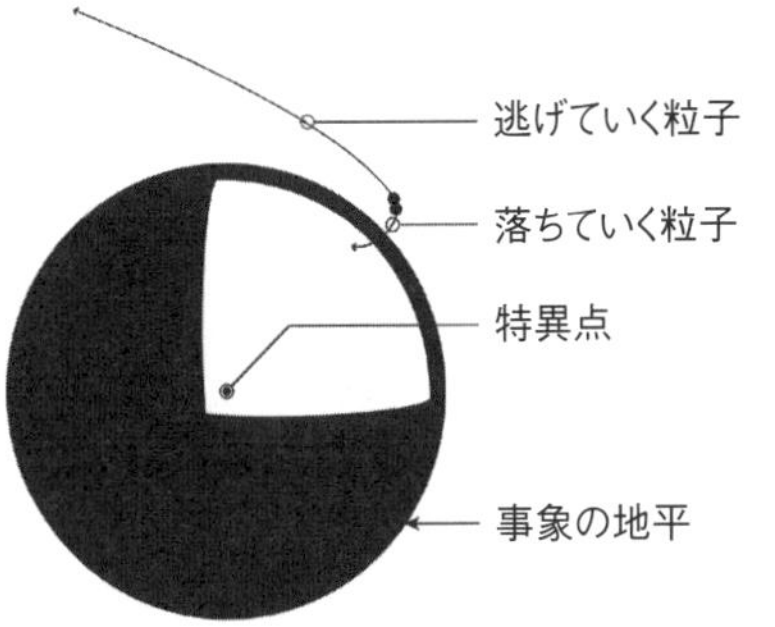

非量子論的な描像

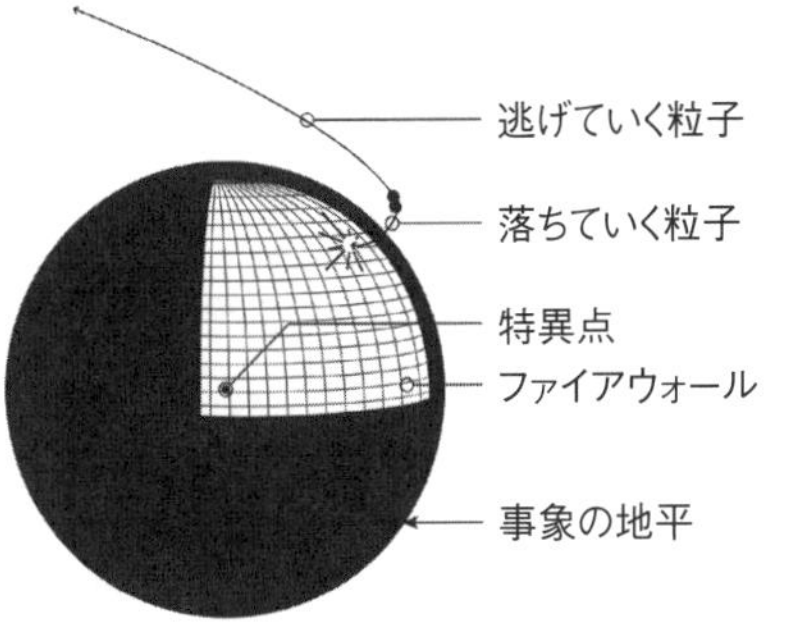

ファイアウォールの描像

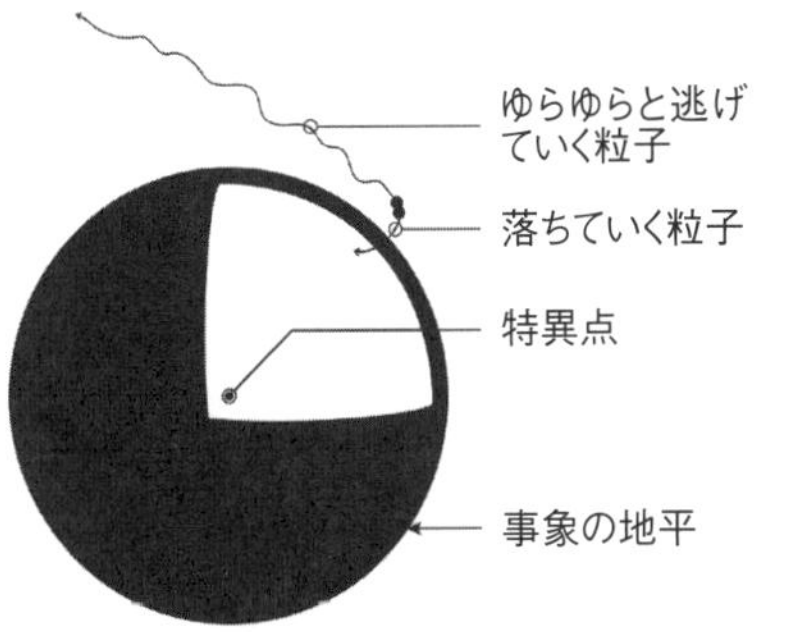

揺らぎ（きらめき）の描像

と違って、この仮説ならば観測によって検証できるかもしれない。情報をブラックホールの外へ運び出すには、この重力場の揺らぎがブラックホールの外へ伝わらねばならない。もしもその揺らぎが十分に大きければ、ブラックホールの周辺から出る光の進路に影響を及ぼす可能性が高い。そうであれば（そして運がよければ）光の揺れを観測できるはずだ。

　ギディングスがＥＨＴ（事象の地平望遠鏡）のことを知ったのは２０１２年のこと。サンタバーバラを訪れたディミトリオス・プサルティスから聞いた。自分の予想する重力場の揺れは、その地球規模の望遠鏡でどんなふうに見えるだろう？　以来、ギディングスはそれをひたすら考え続け、２０１４年の春までには一定の描像ができていた。重力場の揺らぎはブラックホール周辺から逃げ出す光をかすかに「揺らす」はずだ。彼自身の好む動詞を使えば「きらめかす」である。事象の地平から逃げおおせた情報が、ブラックホールの周辺できらめく。その美しい光景を、ＥＨＴならば観察できるかもしれない。確率は低いだろうが、可能性はある。

16
２０１４年７月

マサチューセッツ州モルデン

並はずれたことに挑戦するタイプには早起きが多い。シェップもふだんは朝の5時くらいに起き出す。しかし、このところは3時起きの日が続いていた。悪夢のような2ページ半のToDoリストが気になって、いやでも目が覚めてしまう。

このリストは、イスラエルへの家族旅行が終わってから作った。実を言えば、この旅行もけっこう冷や汗ものだった。ガザ地区でパレスチナの武闘派ハマスとの戦争が始まっていた時期で、エルサレムにあるホロコースト博物館へ行った日には、見学を終えて外に出た途端に警報サイレンが鳴り出した。みんな館内に駆け戻り、地下の駐車場へ避難し、そこに身をひそめてロケット砲迎撃システム「鋼鉄のドーム」が作動する猛烈な音を聞いた。可動式の発射台からミサイルが飛び出し、空中でロケット弾を破壊すると、衝撃波で地下駐車場が揺れた。

休暇を終えたシェップは、CARMA（ミリ波天文学研究望遠鏡群）の悲しい末路に向き合わねばならなかった。EHT（事象の地平望遠鏡）とCARMAが全米科学財団（NSF）の限られた資金を競っているのは初めから承知していた。しかし打つ手はない。EHTにもCARMAにも助成金が下りるよう、ひたすら祈った。が、祈りは通じなかった。新たな助成金がなければ、CARMAの手持ち資金は来年4月までに尽きるだろう。その後には23基の巨大パラボラアンテナを解体してトラックに積み込み、山を下りなければならない。最後には敷地をならし、元の自然な原野に戻さねばならない。それが国有地を管理する当局との約束だった。

理論上は、ＥＨＴの観測網から一つの拠点が欠けてもブラックホールの写真は撮れるはずだった。しかし現実には、たいていの場合、天候のせいで観測できない場所が一つや二つはある。各地の望遠鏡を結んで地球規模の仮想望遠鏡に変えるというＥＨＴプロジェクトの強みは、すべての拠点が存在してこそ発揮できるのだった。

だから次の機会（２０１５年の春）を逃すわけにはいかない。コンピュータのシミュレーションによれば、ＣＡＲＭＡなしでいて座A*やM87を撮影するのは難しいと予測されていた。どこかの億万長者が舞い降りて毎年６００万ドル（約６億６０００万円）の資金を提供してくれたら、その男の名をＣＡＲＭＡに冠してもいいと、シェップは本気で考えていた。しかし、そんな物好きはいそうもない。ならば何としても来年の3月までに、フル装備のＥＨＴによる観測を実現しなければならない。もちろんチリのＡＬＭＡ（アタカマ大型ミリ波サブミリ波望遠鏡群）を説き伏せて参加させることも必要だ。新たなシミュレーションでＣＡＲＭＡなしでも撮影できるという予測が出れば話は別だが、そんな可能性に賭けるわけにはいかない。

イスラエルから戻ったシェップは、さっそく翌年春の観測までにやるべきことをリストアップした。できあがったのは、やけに短いＴｏＤｏリスト。ただしどの項目にもそれぞれのミニ宇宙があり、そこには数々の難問が渦巻いているのだった。とにかく残された数か月の間に、観測に参加するほとんどの望遠鏡に追加の装置を設置する必要があった。しかも、なかにはまだ完成していない装置もあった。

既存の望遠鏡を結んだだけでは、地球規模の望遠鏡にならない。ミリ波、サブミリ波観測への挑戦を続けなければならないし、もっと高速でもっと大容量の電子機器も必要だった。当座の目標は毎秒16ギガビットの処理能力。それを手に入れるにはすべての観測拠点に最新鋭の機器（マーク6のデータ・レコーダーに新しいデジタル式バックエンド、そして新しいダウンコンバーター）を取りつけ、最高のＶＬＢＩ（超長基線干渉計）観測網を構築しなければならない。マーク6のレコーダーはすでに完成していたが、実地で使うにはその構造を知り尽くした人間が現場に貼りついて、いざマシンが止まったときにすぐ再起動できる態勢が必要だった。新しいデジタル式バックエンドはまだ開発中で、ジョナサンとルリク、ローラがプログラムを書いていた。ＣｆＡ（ハーバード・スミソニアン天体物理学センター）にあるシェップの机の下には総額14万ドル（約１５００万円）相当の高性能半導体が積んであった。ところが机の上のノートパソコンは鎖で机につながれていた。ケンブリッジは自由な街で、彼のいるビルには誰でも入れたからだ。電波望遠鏡のレシーバーから送られてくるアナログ信号をデジタルに変換するダウンコンバーターも、まだできていなかった。

南極のＳＰＴ（南極点望遠鏡）にはＧＰＳと水素メーザー原子時計、そしてアリゾナにいるダン・マローンたちが開発中の新しいレシーバーが必要だった。メキシコのＬＭＴ（大型ミリ波望遠鏡）には原子時計を設置できたが、ゴパル・ナラヤナンは手製のレシーバーを完成させるのに必要な部品を集めるのに苦労していた。

そして最大の懸案があった。チリのＡＬＭＡで観測時間を確保することだ。８月にはシェップ自身が現地へ飛び、ヘイスタックから送り出した原子時計を正式にＡＬＭＡへ引き渡すことになっていた。その機会に所長のピエール・コックスと話をつけ、ＡＬＭＡを来春のＥＨＴ観測に参加させるという確約を取りつけたい。２月に電話したときは、ピエールにはぐらかされていた。今度こそ、とシェップは思っていた。面と向かって話せばピエールも事態の緊急性を理解してくれるはずだと。ＣＡＲＭＡの寿命が尽きるのであればフルサイズの、真に地球規模の仮想電波望遠鏡で観測できる機会は来春しかない。しかしピエールを説き伏せるには、来春までにＥＨＴの準備がすべて整うという確かな工程表を示す必要があった。間に合うのかと問われたときにどう答えるか。相手が相手なだけに、いい加減な答えは許されない。

２０１４年８月
チリ、サンチアゴ

チリの首都サンチアゴのイタリア料理店でシェップとランチを共にしながら、ピエールは自分の置かれた状況を淡々と説明した。ＮＡＳＡ（米航空宇宙局）が探査機ニュー・ホライズンを打ち上げ、太陽系の果ての冥王星を観測しようとしていたときのこと。探査機はあと１年もしないうちに目標に接近するはずだったが、地上の管制室は冥王星の正確な位置を把握しかねていた。もちろん天体望遠鏡を使えば冥王星は見える。しかし時速3万マイル（約5万キロメートル）以上のスピードで飛ぶ宇宙船の軌道が本当に正しく、来年の7月に冥王星とランデブーできるという保証はなかった。そこでＮＡＳＡはＡＬＭＡに協力を求めた。ＡＬＭＡの科学者たちは十億光年も離れたクエーサーとの位置関係から正確に冥王星の軌道を割り出し、来年の7月に冥王星がどこにいるかを従来の2倍の精度で算出した。ＮＡＳＡはこの情報をもとに探査機の軌道を調整した。ここまでは天文学者どうしの心温まる協力関係なのだが、ＮＡＳＡの要請でＡＬＭＡが撮った冥王星の写真を、誰かが公表してしまった。それで面倒なことになった。ＡＬＭＡの運用規則によれば、その写真は公表されるべきではなかった。非公開が前提の観測モードで撮影されたものだったからだ。そしてピエールの考えでは、ＥＨＴのミリ波ＶＬＢＩにＡＬＭＡを参加させろというシェップの要求も無理な相談、公平原則に反する特別枠での観測になるのだった。「冥王星の写真だけでも厄介なことになった」とピエールは言った。「これが銀河の中心だったら、どうなると思う?」

「問題の大きさは（天体の）質量に比例するとでも?」とシェップは返した。「だとすれば、えらい問題になる」

　チリでやるべきことの大半は、もう片付いていた。標高約５０００メートルのＡＬＭＡまで登り、酸素ボンベを背負って歩き回り、世界で2番目に高い場所にある建物を訪ね（ちなみに一番高い地点にある建物はチベット高原にできた中国の鉄道駅）、そこで最新鋭の専用スーパーコンピュータを改造しているチームと話し合った。床を走る無数の光ファイバーから送られてくる信号の相関を取るのに必要なフェージング・インターフェース・カードのインストールを確認した。信頼できるルビジウム原子時計を持参して、ALMAに以前からある時計とアメリカから運び込んだ最新鋭の原子時計とのミスマッチを解消した。トラブルの原因は予想どおりALMA側にあったので、シェップは胸をなで下ろした。

ところが今、サーモンのレモンソースがけと白ワインのグラスを前にしたシェップの気持ちは沈んでいた。ALMAを使えるチャンスが、どんどん遠のくように思えたからだ。最初は正攻法で切り込んだ。いつもの強気で、自分たちは一度も、どこの観測所長にも迷惑をかけていない、だから観測させてくれ、絶対に後悔はさせない。そう迫った。しかし彼の強気もピエールには通じない。そこで、残された2枚のカードを切ることにした。1枚目はCARMAだ。ご承知のとおり、ぼくらがいつも頼りにしてきたCARMAがもうすぐ閉鎖される。これが最後のチャンスだ、さもないと地球規模の望遠鏡は……。

ピエールがさえぎった。「そのことなら知ってます。しかし、この1か所にそれほど依存しているという事実はEHTの弱点になりませんか?」

次のカード。

ピエール、知ってのとおりG2というガス雲が銀河の中心に接近している。ブラックホールが物体を呑み込む瞬間を観測する何万年に1度のチャンスだ……。

「でもG2は消えかかっているとか。違いますか？」

そのとおりだった（132ページ参照）。G2が突っ込んでいて座A*の餌食になる可能性は遠のいていた。多くの天文台が観測を続けていたが、その兆候は見られないのだった。

シェップが繰り出すどの議論も、ピエールは熟練の柔道家よろしく、笑みを浮かべて受け流した。ピエールはけっして「NO」とは言わなかった。しかしシェップは納得できない。自分のライフワークを完成させるにはALMAが絶対に必要で、自分にはあれを使う特権があるはずなのに、それが奪われようとしている。なぜだ？　その理由が彼には理解できなかった。

17

2014年9月
マサチューセッツ州ケンブリッジ
ハーバード・スミソニアン天体物理学センター（CfA）

不本意なチリ出張から戻ったシェップは、また資金集めに精を出すことになった。すでに当座の資金は確保できていたし、一方で来春の観測までにやり遂げるべき仕事は山ほどあった。しかし助成金を獲得する仕事に終わりはない。そして今なら資金が集まる予感がする。シェップにはそう思えた。

EHT（事象の地平望遠鏡）の壮大な構想はイギリスのニュー・サイエンティスト誌やアメリカのニューヨーク・タイムズ紙にも採り上げられた。アメリカの公共放送PBSはチリの山頂に原子時計を運ぶシェップに同行し、特別番組を作った。国立電波天文台を初めとする関係団体も、EHTチームの活動を詳細にマスコミへ発信していた。だから、いよいよ地球規模の望遠鏡でブラックホールが見えるという「期待」は「確信」に変わりつつあった。もちろん世間の人は、シェップとハイノがまだ合流の覚書を交わしていない（11月にカナダのウォータールーで開かれる国際会議で詳細を詰める予定だった）ことなど知らない。初期段階から頼れるパートナーだったCARMA（ミリ波天文学研究望遠鏡群）が存亡の危機にあることも知らない。チリのALMA（アタカマ大型ミリ波サブミリ波望遠鏡群）を観測に参加させるには新しい機器の開発を早く終える必要があることも知らない。だから、早く名乗りを上げてEHTに自分の名を刻みたいと思う金持ちはたくさんいた――少なくとも、そういう話なら提案書を読んでみたいと言う人はいた。

何百万ドル（何億円）もよこせという提案書だから、薄っぺらなものではない。人の心と財布を開かせるには説得力のある文章が必要だし、注釈びっしりの技術的レポートも添え、現実的な工程表を示し、想定される成果のシミュレーションも見せる必要があった。9月になっても、シェップはテンプルトン財団やサイモンズ財団、全米科学財団（ＮＳＦ）などに出す提案書と格闘していた。当時の彼はヘイスタック観測所とＣｆＡのかけ持ちだったから、愛用のマックブックも両方のオフィスを行ったり来たり。行きつけの店ハイライズ・ブレッド・カンパニーのテーブルで文書を編集し、莫大な量の電子メールに返信することもあった。所在不明の時間帯も多かったが、彼自身はそんな忙しさを楽しんでいるように見えた。

しかしジョナサンは不満だった。資金集めに奔走するのもいいが、来春までにやらねばならない仕事が山積みだったからだ。せっかく手に入れた助成金を、シェップが出し惜しみしているのも気に入らなかった。まるで（１９３０年代の）大恐慌の時代に育った子どもだ、さんざん貧乏したから、決戦の日が迫っているのに軍資金をマットレスの下に隠しておきたがる。困ったものだと、ジョナサンは思った。たとえば、有能なプロジェクト・マネジャーを雇う必要があった。必要な時に必要なものを必要な場所に届ける調整のプロ。そういう人材がいれば、シェップはもっと戦略的な問題に専念できるはずだった。

悪夢のようなＴｏＤｏリストに追われている点ではジョナサンも同じだった。コンコード街１６０番地の建物の１階（２階にはポスドク研究員たちの部屋があった）にある窓のない部屋で、ジョナサンはルリクやローラと共に新しいバックエンド装置の完成を急いでいた。空から降ってくる電磁波（光）を高速でデジタル化し、記録する装置だ。プログラムを書いてはＦＰＧＡ（フィールド・プログラマブル・ゲートアレー＝ユーザーがプログラムを書き替えられる集積回路）をテストし、限界に挑戦し、集積回路上のゲート間のパス長を測定し、データの流れをナノ秒単位で調整し、誤差が生じないようにする気の遠くなるような作業。しかも急がねばならなかった。9月末までには完成させてカリフォルニアの米海軍基地に届けないと間に合わない。パッカード・ペンギンズ（米軍の南極観測隊の愛称）が氷の大陸へ飛び立ってしまうからだ。

そのころにはケンブリッジもだいぶ涼しくなり、学生たちもキャンパスに戻っていた。ローラとマイケル・ジョンソンがチームに加わってから1年がたち、殺風景だったポスドク研究員の部屋にも若者たちの生活感がみなぎっていた。壁にはいろんな国際会議のポスターが貼ってあり、床にはバックパックが転がっていた。電子工学の教科書がずらりと並ぶ簡素な本棚の上には、エスプレッソ・マシンが鎮座していた。廊下を隔てたＢＩＣＥＰ２のチームで見かけたという理由で、ジョナサンが購入したものだ。エスプレッソで目を覚ませば何かが見える。そう思いたかったのだが、あいにく当てがはずれた。

ＢＩＣＥＰ２は南極点のアムンゼン・スコット基地に据えられた望遠鏡で、「宇宙背景放射」の観測を目的としていた。背景放射は宇宙の誕生から間もないビッグバンの残り火（残光）で、宇宙にほぼ均一に広がっているが、誕生直後の微小な宇宙空間における量子揺らぎの影響で密度に若干のばらつきがある。ちなみに、この量子揺らぎこそ万物の種であり、そこからミクロの粒子ができ、どんどん大きくなって星や銀河が生まれたと考えられている。この年3月、ＢＩＣＥＰ２のチームが「大発見」の記者会見を開くと聞いてジョナサンがフィリップス講堂へ駆けつけたときは、すでにバルコニー席まで満員だった。大勢の科学者や報道陣の前に立っていたのはチームリーダーのジョン・コバック。まだ40代だが髪には白いものが混じっていた。われわれは宇宙背景放射に残る渦巻き状のBモード偏光を見つけた。コバックはそう宣言した。

ビッグバン以前に宇宙は急激に膨張したとするインフレーション理論によれば、生まれたばかりの宇宙は信じられないほど短い時間で、陽子1個の一兆分の一程度のサイズからソフトボールくらいの大きさにまで膨れあがり、その後も猛スピードで膨張を続けた。この想像を絶する膨張ですさまじいエネルギーが放たれ、無から無数の粒子が生まれた。そこには量子力学の世界で重力子（重力を運ぶ粒子）と呼ばれる粒子もあったはずだ。この重力子のせいで、宇宙背景放射には渦巻き状のパターン（Bモード偏光）ができた。それを、ついにBICEP2が見つけたという。本当だとすれば、宇宙の起源に関するインフレーション理論の正しさを証明する世界初の直接的証拠となる。時空にゆがみを生じさせたそもそもの原因である「原子重力波」を初めて観測したとも言える。さらにまた、あのホーキング放射を初めて検出したとも言える。物理学者ビル・アンルーは1970年代に、空間が信じがたいほどの猛スピードで膨張するとホーキング放射と同様な現象が起きると予言していた。そうであれば、宇宙背景放射に渦巻き状の偏光パターンを残した重力子はブラックホールの蒸発と同じプロセスで生まれたことになる。

この大ニュースには世界中が沸いた。感想を問われて「すごい、本当にすごい」と絶句した宇宙論の専門家もいる。ユーチューブには、台湾出身のスタンフォード大学教授チャオリン・クオがインフレーション理論の専門家で同僚のアンドレイ・リンデの自宅を訪ねる様子が投稿された。クオ教授がドアをノックし、出てきたリンデ夫妻に「サプライズがあります」と告げると……次にはシャンパンのコルクを抜く音がした。

その6週間後、ＢＩＣＥＰ２を率いるジョン・コバックはタイム誌の「世界で最も影響力のある100人」に選ばれた。しかし一方で、ＢＩＣＥＰ２の観測結果には誤りがあるのではないかという観測も流れていた。5月12日にはサイエンス誌が「噂」として「超大発見は空振りかも」と報じた。つまり、コバックのチームは観測データから宇宙の塵《ちり》に由来するノイズを取り除く作業でミスを犯した可能性があり、そうであれば彼らの見つけたＢモード偏光は宇宙の誕生期に生じた時空のゆがみの痕跡ではなく、銀河を漂う塵の影響ということになってしまう。コバックも、しぶしぶながら誤りの可能性を認めた。しかし誤りと断定もできない。厳粛な判決が下ったのは、9月になってヨーロッパの「プランク衛星」による宇宙背景放射の詳細な観測データが発表されたときだ。

結論はこうだった。ＢＩＣＥＰ２が宇宙のインフレーションの痕跡を見た可能性は否定できないが、見たものが宇宙の塵（の影響）ではなかったと断定することもできない。慎重な言い回しだが、マスコミがＢＩＣＥＰ２に死刑を宣告するには十分だった。「目に星くずが入った」らしいと、ニューヨーク・タイムズ紙はこき下ろした。

ジョナサンの見立ては違っていた。ＢＩＣＥＰ２のチームは何も悪くない。彼らは観測結果を得て、それを発表しただけだ。そしてすべての科学的発見がそうであるように、彼らの発見も第三者による検証と再現が必要であることを理解していた。だから検証不能という答えが出ると、いさぎよく負けを認めた。それでいい、やり直せばいいんだ。ジョナサンはそう思った。実際、コバックのチームはすぐにでも南極へ飛び、望遠鏡の解像度を上げる作業に取り組む予定でいた。ＢＩＣＥＰ３の立ち上げである。

しかしシェップは苦い思いをしていた。彼にとって、ＢＩＣＥＰ２の悲運は不気味な警鐘だった。未知なるものを見るのが自分たちの仕事だ、そうであれば「見たぞ」と言う前に、それが「見たかったもの」の幻影ではないことを担保しておかねばならない。

たとえ運よくフルサイズのＥＨＴで観測できたとしても、巨大ブラックホールがそのまま姿を現すわけではない。まずは受信した膨大なデータから、これまた膨大な量のノイズを取り除く必要がある。その描像が想像の産物ではないこと、つまり無意味なデジタル信号が「見たいもの」に化けたわけではないことを確かめ、第三者にも納得してもらわねばならない。だからＥＨＴは相互検証の仕組みを導入していた。ヨーロッパと日本、そしてアメリカのチームが同じデータを、それぞれ独自に解析し、無用な先入観を植えつけるリスクを避けるため、みんなの作業が終わるまでは絶対に結果を口外しないというルールを決めた。それだけではない。シェップはマサチューセッツ工科大学（ＭＩＴ）のビル・フリーマン研究室に相談し、マシンビジョン（機械の目）の専門家の協力も求めていた。

フリーマン研はＭＩＴのコンピュータ科学・人工知能ラボに属し、最先端の拡張視覚システムを手がけている。それは肉眼で捉えられないかすかな動きを映像化する技術で、たとえば揺りかごで眠る赤ちゃんの胸のかすかな上下動を可視化する（呼吸が正常かどうかを確認できる）、心臓の拍動につれて赤くなったり薄くなったりする肌の色の変化を増幅して可視化するなどだ。彼らはそれを「動きの顕微鏡」と呼ぶ。「ビジュアル・マイクロフォン」というのもあり、こちらは植木の葉っぱが揺れる映像から、そのかすかな音を再現し、増幅する技術だ。人が口を動かしている映像から声を再現することもできる（独裁国の政府の手に渡ったら大変だ）。それなら電波望遠鏡で集めたわずかな、ノイズ混じりのデータからブラックホールの影《シャドウ》を再現する方法も考えてくれないか。それがシェップの依頼だった。

電波天文学では、パラボラアンテナに集めた光（電磁波）のデータをコンピュータにかけ、特殊なアルゴリズムを用いて画像を結ばせる。よく使われるのが昔からあるCLEANと呼ばれるアルゴリズムで、単体の望遠鏡であればこれで十分だ。もしもEHTが文字どおり地球サイズの超特大望遠鏡であったなら、CLEANで簡単に画像が得られる。ダイレクトで、間違いようがない。しかし現実のEHTは地球のあちこちに点在する10か所程度のアンテナを結んだ仮想望遠鏡にすぎず、寄せ集めたデータの解釈を誤ればどんな幻が見えてもおかしくない。だからこそ、得られた画像が天空の彼方に浮かぶ物体の真の姿だと信じるに足る確かな技術が必要だった。

そこで招集されたのがケイティ・バウマン。当時はフリーマン研で学ぶ大学院生だったが、BICEP2の悲報が伝わりシェップが助成金集めに奔走していた2014年の秋には、コンコード街

160番地の2階に週に2、3度のペースで顔を出すようになっていた。彼女に求められたのは、データの山を解析してブラックホールを「見える化」すること。そのためのツールが開発中のアルゴリズムCHIRP（パッチ・プライアーを用いた連続的高解像度画像再構築）だった。ごく大ざっぱに言えば、人工知能に学習させた膨大な数の画像をもとに、超複雑なジグソーパズルのピースを合わせるように全体の画像を復元するプログラムである。完成したCHIRPにEHTで集めたデータをかけ、どこにある望遠鏡で、どの時刻に、どんな天候の下で撮ったかなどの条件を入力してやれば、あとは賢いアルゴリズムがパズルを合わせ、足りない部分を補正して一枚の画像に仕上げてくれるはずだった。そのプロセスに観測者の思惑や偏見が入り込む余地はない。

この秋にはやはり大学院生のアンドリュー・チェルも加わったので、CfAのポスドク研究員室は一段と賑やかになった。ケイティとアンドリューは南側の一画に机を並べ、画像再構築アルゴリズムの完成に全力を注いだ。マイケル・ジョンソンはいて座A*を取り巻く磁場の研究に没頭した。ローラとルリクはバックエンド装置のテストや調整に追われていた。みんな疲れていたが、みんな熱かった。責任は重いが、与えられた課題は具体的かつ明瞭。やるべきことは見えていた。

対照的に、シェップは先の読めない外交的な任務にますます忙殺されていた。NSFのスタッフが助成金対象プロジェクトの進捗状況を調べに来れば、ハイノたちとの正式な連携覚書を見せろと言われるのは間違いない。しかし話がつくかどうかは、11月にカナダで開くミーティングの結果にかかっていた。

18

２０１４年11月10日
カナダ、オンタリオ州ウォータールー
ペリメーター理論物理学研究所

勘弁してくれ、よりによってウォータールーで会議なんて。シェップの胸中は複雑だった。最悪だぞ、ウォータールー（フランス読みでは「ワーテルロー」）は皇帝ナポレオンが敗走した場所じゃないか。いっそのことポンペイにすればよかった、あそこならみんな一緒に一巻の終わりだ……。

ウォータールーはトロントから西へ１時間ほどの小さな都市。いい大学があり、基礎科学のポストモダンな殿堂「ペリメーター理論物理学研究所」がある。ｉＰｈｏｎｅ以前に一世を風靡した携帯電話ブラックベリーの共同創業者マイク・ラザリディスが１億ドルを寄付して１９９９年に設立したもので、その建物はさながら眠れるトランスフォーマー（タカラトミーが世界展開する変形ロボット玩具）。マットブラックな立方体を積み上げた感じで、窓ガラスの色は光のかげんで変化す

る。フロアプランは複雑で、研究所の数学者でも解けないパズルのよう。だが（ポンペイではなく）ここがＥＨＴ（事象の地平望遠鏡）グループの2年に1度の総会の場所に選ばれたのには理由がある。そこがグローバルな科学的連携のシンボルであり、ＥＨＴの功労者アベリー・ブロデリックがそこに在籍していたからだ。

1週間の会議に集まったのはＥＨＴプロジェクトに関わるほぼ全員と、その他の科学者20人ほど。2年前にタクソンで設立総会を開いて以来、みんなが一堂に会するのはこれが初めてだった。そしてこの手の会議の常として、最も重要な議題は公式プログラムに載っていなかった。各種の講演や技術的な分科会、パーティの合間を縫って、懸案の連携覚書をまとめること。それが最大の使命だった。

初日の朝、シアター・オブ・アイディアズ（知の劇場）と呼ばれる大ホールで最初に登壇したのはペリメーター研のニール・チュロク所長。ホスト役としての開会スピーチで、所長はこう予言した。むこう20年で「理論物理学には大きな変化が起きると思われる。なぜなら多次元宇宙だのカオスだのといった意味不明な予測に代わって、自然のシンプルさと矛盾しない新たな理論的アプローチが現れるだろうし、それが必要とされているからだ」。そうした変化を促す上で事象の地平望遠鏡（ＥＨＴ）は重要な役割を果たす、と所長は続けた。一般向けの講演でもＥＨＴの話をすると会場が盛り上がる、「ブラックホールは今なお、この宇宙で最も矛盾に満ちた最も奇怪な天体なのだ」と所長は言い、「あれについて何か新しい知見が得られることを切に望む」と結んだ。

続いてシェップが基調講演に立った。いつもどおりの強気な話だったが、最近の理論物理学における成果を踏まえ、ブラックホールの情報パラドックスの解明にもＥＨＴは寄与できると強調した。そしてパワーポイントのスライドでは、２０１５年春の観測にチリのＡＬＭＡ（アタカマ大型ミリ波サブミリ波望遠鏡群）が参加できるとしてあった。その可能性は日に日に薄くなっていたのだが、その点には触れなかった。カリフォルニアのＣＡＲＭＡ（ミリ波天文学研究望遠鏡群）については「苦しい状況にある」という微妙な言い回しを使った。ただし、この時点でまだＣＡＲＭＡを救う方法があると信じていたのは、たぶんシェップだけだ。少なくともＣＡＲＭＡのスタッフは、すでに閉鎖の運命を受け入れていた。

このスピーチで彼が触れなかったのは、総会準備を始めた春の時点ではハイノたちのグループとの合流交渉が秋までにまとまると確信していた事実。当初は紳士協定でうまく行っていたこのプロジェクトが、官僚主義の地獄に落ちつつあることに対する不満にも触れなかった。自分たちがやろうとしているのは科学の実験であって、国づくりではない、なのになぜ憲法の草案みたいのを書かねばいけないのか、とも言わなかった。そのかわり、この総会で決めたい重要テーマの一つに「組織に関する議論」をつけ加えた。

＊　＊　＊

初日のプログラムはなごやかなもので、ブラックホールを探ることの意味をみんなで再確認しよ

う という意図が感じられた。登壇したのはＥＨＴと競合しない方面の研究者たちで、それぞれの経験と知見を語った。

マルタ・ボロンテリ（パリ天体物理学研究所）は、銀河とその中心にある巨大ブラックホールの不思議な共生関係について説明した。１９９０年代後半に約80の銀河について調べたところ、中心にある巨大ブラックホールと銀河のバルジ（楕円体）の質量には例外なく一定の相関関係があった。これは何を意味するのか。銀河がブラックホールの質量を（餌として与えるガスの量を調整して）決めているのか、あるいは（銀河全体に比べれば）ごく小さなブラックホールが（強力なジェットの放出でガスを吹き飛ばし、あるいは星の生成を邪魔するなどして）銀河の質量を決めているのか。どちらも推測にすぎない。こうした謎を解くのが、本日ここにお集まりのみなさんの役目だ。ボロンテリはそうスピーチを締めくくった。

カリフォルニア大学ロサンゼルス校のアンドレア・ゲズは、１９９０年代前半にいて座A*の近くをまわる星を見つけてから自分の人生は大きく変わったと述べた。ちょうどムーアの法則でコンピュータの性能が飛躍的に向上し、ＶＬＢＩ（超長基線干渉計）のデータ解析に革命が起きようとしていたころ、補償光学の進歩でゲズの仕事にも劇的な変化が起きた。ハワイ島のマウナケアにあるケック天文台の技術者たちが大気圏の上層にレーザー光線を放ち、これを人工的なガイド星として用い、大気の揺らぎによる影響を測定する方法を考え出した。それがわかれば、望遠鏡の反射鏡を変形させることで揺らぎの影響を相殺できる。この補償光学の技術を使って撮った写真は、従来のものより10倍も鮮明だった。彼女は感慨深げにそう語った。それからというもの、彼女たちはひたすらいて座A*の周辺にいる無数の星を追いかけてきた。その成果を、彼女はアニメーションで見せた。天の川銀河の中心近くをホタルのように飛びまわり、光の航跡を描く星々が映っていた。いて座A*の周辺に、なぜ比較的若い星がたくさんあるのか。そこにすべてを呑み込む巨大ブラックホールがあるのなら、なぜこれらの星は生きていられるのか。彼女たちはその答えを探っていた。そしてもちろん、G2と呼ばれるガス雲にも注目していた。いて座A*に異常接近して引き裂かれ、粉々になる運命と予想されていたガス雲だが、待ちかまえる巨大ブラックホールに最接近しても無事に生き延びた。なぜか。そもそもG2はガス雲ではなかった、と彼女は言った。むしろブラックホールによって引き寄せられ、今まさに合体しようとしている2つの星のペア。それがG2の正体ではないか。もちろん仮説にすぎないが、EHTで検証できるかもしれない。

コーヒー・ブレークの時間は、さながら同窓会だ。久しぶりの顔もあれば、一度は会いたかった大先輩の姿もある。セッションの合間に、若い科学者たちに取り囲まれていた老紳士は70代半ばのジェームズ・バーディーン。40年ほど前にスティーブン・ホーキングらとの共同研究で、ブラックホールのメカニズムを理論的に導いた大御所である。みんな元気だ。シェップも、その晩はウォータールー大学で一般向けの講演をすることになっていた。面倒な連携合意の話で歓迎ムードに水を差すわけにはいかない。

＊　＊　＊

火曜日の昼休み、シェップとEHTの主要メンバー13人は小会議室に集まり、長方形のテーブルを囲んだ。2015年春の観測にむけた作業の進捗状況を確認するためだ。それぞれの観測所に足りないものは何か、それはいつまでに、どうやって調達するのか。もう遅れは許されない。しかしその前に、みんなの知りたいことがあった。ALMAはどうなる？　参加するのか、しないのか？

無理だと、ほとんどのメンバーは思っていた。しかしシェップには、まだその判定を受け入れる準備がなかった。卵が先かニワトリが先かみたいな議論はよそう。シェップはそう切り出した。「テクニカルな面の準備は万端だと確認できれば、ぼくはあっちへ乗り込んで話をつける。技術的な備えが万全なら、あっちの所長の裁量枠を使わせてくれと正式に提案する。そして、押して押して押しまくる。でも、あっちが『技術面の準備はできたのですか』と聞いてきたとき、答えに詰まったらアウトだ」

ジェフ・クルーが発言した。「もうCARMAには頼れないからって、正直に話したらどうだ？」

シェップの答え。「それはもうピエールに一対一で話した。でも反応はなかった。あっちは15億ドル（約1700億円）の巨大な国際プロジェクトだ。『おや、指を切ったのですか？　それはお気の毒に』って感じだった」

そうであれば、まずは「テクニカルな面の準備」が完璧かどうかを確認する必要がある。議長役を務めたのはヘイスタック観測所のマイク・ヘクト。「どこの観測拠点にも必要な水素メーザーは、すでにある。そう考えていいですね？　ＯＫ、これで第一関門は突破だ」

マイク・ヘクトを補佐する立場にあったのがレモ・ティラヌス。ヨーロッパ勢を代表して、このグローバルなプロジェクトを仕切れる大人だった。「基本的に、すべての観測所がマーク６のレコーダーを2台ずつ支給され、基準局のＣＡＲＭＡにはもう1台。これが要件となっています」

「すべて発注済みですか、どこに納品される予定ですか」とマイク・ヘクト。

「今ごろはヘイスタック観測所に届いているはずです」とレモ・ティラヌス。

マイク・ヘクトはシェップとジョナサンが何やら話し込んでいるのに気づき、「集中しよう、私語は慎んで」と言った。

そうしてみんな、確認すべきことを確認していった。ヘリウムを詰めた25万ドル（約２８００万円）もするハードディスクは用意できたか？　最新鋭のデジタル式バックエンドは？　原子時計はすべての拠点にあり、予備のケーブルやコネクターもそろっているか？　あったほうがいいものは何で、絶対に必要なものは何だ？　そんな議論を重ねているうちに時間は尽きた。国際会議の常として、午後もいっぱい予定が詰まっていた。

＊　＊　＊

水曜日もブラックホールの観測という本題から少しはずれた発表が続いた。オハイオ州立大学の理論物理学者サミア・マッサは、ブラックホールを量子論的なファズボール（得体の知れぬ球体）と考えれば情報パラドックスを解決できるという持論の説明をした。そうであれば何らかの時点で新しい形の物質が事象の地平から飛び出し、ブラックホールに閉じ込められていた情報を持ち出せるはずだ、あたかも（超新星爆発で）中性子星が出現するように……。

午後にはＬＩＧＯ（レーザー干渉計重力波観測所）のガブリエラ・ゴンサレスが登壇し、重力波の検出に向けた作業の進捗状況を発表した。ＬＩＧＯは全長約４０００メートルの巨大な装置２つからなり、レーザー光線を用いてブラックホールの合体などによって生じる時空のわずかなゆがみを検出するプロジェクト。来年の秋までには改良作業を終えて新たな観測を始める、うまくいけば初めて重力波を直接観測できるはずだ。彼女は自信たっぷりにそう言った。運がよければ百年前にアインシュタインが予言した重力波の存在を証明でき、宇宙の謎がまた一つ解き明かされることになる。

木曜日の昼休みにもＥＨＴのチームは集まり、来春の観測に向けた準備の最終確認を続けた。ゴパル・ナラヤナンは、メキシコのＬＭＴ（大型ミリ波望遠鏡）用に自身が部品をかき集めて手作りしているレシーバーについて話した。ダン・マローンは12月になったら南極へ飛び、夏とはいえ極寒の南極点でＳＰＴ（南極点望遠鏡）にミリ波レシーバーを設置する困難な作業について説明した。ローラ・バータチチはＥＨＴに参加するすべての観測拠点で使うことになる新しいデジタル・バックエンドの複雑なコードについて報告した。

そして来春の観測体制について。果たしてチリのＡＬＭＡは観測に加わるのか。決定的なニュースをもたらしたのはマイク・ヘクトだ。ＡＬＭＡは、来春には、参加しない。シェップには受け入れがたい答えだったが、それでも来春の観測の重要性が薄れるわけではなかった。ＡＬＭＡ抜きでも可能なかぎりの観測をし、一定の結果を出して自分たちの技術力を証明し、ＡＬＭＡを説得する材料にしなければならない。もちろん来春の観測でブラックホールの影を見るのは不可能だろう。次の機会は２０１６年の春。シェップが何年も前から追いかけてきた夢の実現は、また1年先送りだ。しかし、これとても最悪の事態ではなかった。

＊　＊　＊

木曜日の晩はシアター・オブ・アイディアズで映画会があった。アベリー・ブロデリックは当初、『インターステラー』の上映を望んでいた。マシュー・マコノヒーやアン・ハサウェイが出演するスペースオペラで、著名なブラックホール研究者キップ・ソーンのアイディアに着想を得ており、ガルガンチュア（フランソワ・ラブレーの奇書に登場する大食いの巨人）と名づけられた巨大ブラックホールの超リアルなシミュレーション映像も見られる。ただしまだ封切り直後だったので、いくら研究者の集まりでも特別上映の許可は下りなかった。代わりに映したのは１９９７年の映画『イベント・ホライゾン（事象の地平）』。人工的なブラックホールの引力を利用して飛ぶ宇宙船が、誤って地獄の扉を開けてしまう物語だ。

ある意味、この映画は同じ時刻に2階の部屋で開かれていた密室会議のメタファーだった。シェップとハイノを含む十数人は時間を忘れて熱い議論を戦わせた。議題は、抽象的に言えば「ＥＨＴはいかなる組織であるべきか」だ。地球規模の観測所として、すべての科学者に開かれた施設であるべきか。特定かつ明確な目的を達成するために世界中の科学者が手を結んだ特別な実験であるべきか。あるいはその中間的な存在で、最小限の規約と官僚的な手続きがあればいいのか。しかし現実的には、口に出しては言いにくいけれども「ノーベル賞に名を刻めるのは誰か」の問題だった。組織を正式に立ち上げる以上、肩書きと序列を決める必要があった。下の劇場のスクリーンで宇宙飛行士たちが運命を賭けた戦いを繰り広げていたとき、2階のブラックホール・ビストロでは物理学者や天文学者が理屈の通らぬ交渉を重ねていたわけだ。店は閉めてあったから、科学者たちは広い店内を好きなように移動できた。密談もできたし、深い溜め息をつくことも、誰かを呪うこともできた。

もう日付が替わろうというころ、シェップとジェフ・バウアーは通りを隔てたデルタ・ホテルのバーに転がり込んだ。まるでハーフマラソンを走り終えた後のように全身が火照り、疲れきっていた。二人ともスコッチを頼んだ。とりあえず暫定合意はできた。シェップのｉＰｈｏｎｅには空っぽのブラックホール・ビストロで撮った全員の集合写真が電子メールで送られてきた。送り主はホスト役のアベリー、タイトルは「連携が生まれた！」だった。

＊　＊　＊

翌日、昼のさよならパーティの前に関係者全員が集まった。連携合意の詳細を聞くためだ。マイクを握ったのはヘイスタック観測所のコリン・ロンズデール所長。

これから話すことが聞き手の多くを失望させ、あるいは混乱させることを承知している者の常として、彼はできるだけ明るく振る舞おうとしていた。ウォータールーでの総会は「文句なしに大成功だった」と彼は切り出した。「連日のスピーチもすべて文句なしに素晴らしかった。残念ながら、その素晴らしいスピーチを聞けなかった人が15人か18人ほどいるが、彼らの払った犠牲は報われた。確固たる、現実的な連携に向けた大きな前進が得られたからだ」

その詳細に触れる前に、ロンズデールは今一度、合意に至るまでのプロセスがいかに困難だったかを語った。「なにしろ壮大な連携だ。本質的にグローバルであり、装置を担当する技術者と観測する天文学者、理論の専門家、そして意思決定のしかたも文化も異なる多くの組織が歩調を合わせなければならない。おそろしく複雑な観測であり、エンジニアリング面のハードルも高く、新しい技術の開発も猛スピードで進めている。しかも連携の輪は広がっている。EHTが向かっているのは真に世界的な科学プロジェクトだ。それだけではない、この連携は今まさに革命的な観測に乗り出そうとしており、大きな、大きな成果が期待されている。素晴らしいことだ。しかし、これだけのことをやり遂げるには一定程度の組織が必要になる」

それからロンズデールは舞台裏の交渉でまとまったことの要点を読み上げた。ＥＨＴは一つであり、ハイノたちのグループはＥＨＴに合流する。新生ＥＨＴ（正式名称はＥＨＴコラボレーション＝ＥＨＴＣとなる）のトップには理事会を置く。理事会は本プロジェクトを「直接的に前進させるためにしかるべき資源を正式に投入してきた」すべての「ステークホルダー」で構成する。理事会はディレクターを指名し、ディレクターは理事会に報告する。別に「科学的な目標の優先順位を決める」科学評議員会を設ける。新たにプロジェクト・マネジャーとプロジェクト・サイエンティストを雇う。その下に技術部会や科学部会を設け……。

ウォータールーを後にした瞬間から、シェップの胸には後悔の念が押し寄せてきた。暫定理事会のメンバーとなりそうな人（その大半は2年前の合意書に署名したのと同じ顔ぶれだ）は例外なく、シェップをディレクターに推すと言ってくれた。しかし、しょせんは理事会直属の雇われディレクターだ。そもそもシェップは観測所の所長《ディレクター》になりたかったわけではない。この歴史的な観測を率いる筆頭科学者《リードサイエンティスト》としての地位を保証してほしいだけだった。しかしウォータールーでの合意によれば、そうした名誉ある地位を占めるのは科学評議員会だ。シェップが今後もＥＨＴを引っ張っていける保証はない。クーデターが起き、自分はディレクターに選ばれないかもしれない。選ばれても、すぐ理事会に解任されるかもしれない。学者人生を賭けてきた自分のプロジェクトを、組織力でまさるヨーロッパ勢に乗っ取られるかもしれない。

自然科学系の大学院では、こうした政治的駆け引きに勝つ方法は教えてくれない。この年のクリスマス休暇でニューヨークに行ったシェップは書店に立ち寄り、3冊の本を買った。『イエスと言わせる方法』、『前向きな「ノー」の力』、そして『言いにくい話のしかた』。あら、あなた、地球規模の仮想望遠鏡を作ろうとしてる人でしょ。レジの店員がそう言ったような気がした。

ウォータールー総会の2か月後、暫定理事会の開催通知が届いた。いよいよディレクターを決めるときだ。シェップは吐き気がした。こいつは大きくなりすぎた、もう自分の手には負えないぞ。

＊　＊　＊

19

舞台裏の政治的駆け引きが続くなか、2015年春の観測に向けた準備は大詰めを迎えていた。2014年12月にはヨーロッパのレモ・ティラヌスが大西洋を越えてヘイスタック観測所へ飛び、3週間滞在することになった。そこでマイク・ヘクトと話し合い、決めた。どうやら他の諸君は組織固めの件で頭がいっぱいらしい、しかたないから来春の観測はぼくら二人で引っ張ろうと。プロジェクト・マネジャーを置けばいいのだが、しかるべき人材を雇うには金がかかる。しかしシェップは一貫して、そんなことに使う金はないと主張していた。ならば当座は、大人の二人が連携して調整を進めるしかない。

その月、ダン・マローンはＳＰＴ（南極点望遠鏡）の準備で南極へ飛んだ。滞在予定は2か月。必要な機材や装置を詰めた13個の箱は先に送り出してあった。ダンが現地に入ったとき、そのうち2箱はすでに届いていた。南極点に立つＳＰＴに水素メーザー原子時計と最新のレシーバーを取りつけ、他にもＶＬＢＩ（超長基線干渉計）として使うのに必要な機器を加えて、立派なＥＨＴ（事象の地平望遠鏡）の一員に仕立てる。そのためにダンは何年も奮闘してきた。しかし自分で現場に足を運んだのは過去に一度だけ、それもわずか2時間ほどの滞在だった。部屋が狭くて、やっかいな作業になるなと、そのときも思った。なにしろ南極仕様の特製レシーバーは小型バイクほどの大きさがある。今回、改めて測ってみると機械の位置関係が想定と違っていた。こうなると、アンテナで集めた光（電磁波）をレシーバーに送る反射鏡の置き方を微妙に変更しなければならない。当然、それにつれて他の機器の配置にも微妙な修正が必要になる。新しい装置の荷ほどきどころではない。まずは距離関係を厳密に測り、リアルな配置図を描くのが先決だ。ここは6フィート（1・8メートル）、ここは1ミリメートル。気の遠くなるような作業だ。おまけに現場は工事中だった。室内を暖め、望遠鏡のクライオスタットを冷やすコンプレッサーを取り替える作業だ。おかげで最初の1か月半は溶接バーナーの火花におびえ、いやな臭いに耐えながらの作業を強いられた。

やがて13個の荷物はすべて届いたが、ダンたちの作業は大幅に遅れていた。それでもすべての作業（機器の設置とテスト）は南極の短い夏が終わる前に済まさねばならない。ダンのチームはクリスマスも新年もなく、週7日体制で働いた。朝は8時に始め、昼食と夕食の休憩をはさんで夜中まで。苛酷なスケジュールだが、仕事以外にやることがないのも事実だった。意外だったのは、南極点がすごくリラックスでき、瞑想に向いていたこと。やるべき仕事は決まっていて、太陽はけっして沈まない。余計なことは考えない。会えないのはつらい。アリゾナ州タクソンの自宅には妻と、生まれたばかりの娘を含む二人の子がいた。ほとんど毎日のように衛星電話で家族と話をし、やたら遅いインターネット経由で写真も何枚か送った。しかし電子メールをチェックする必要も、誰かに気をつかう必要もない。ダンは50日ぶっとおしで働いたが、頭痛は一度も感じなかった。

すべての装置の設置は終わり、建屋の天井に穴を開けて長いケーブルを走らせる作業も無事に終わった。そしてＳＰＴの常駐スタッフと話し合い、今後の手順を決めた。ＳＰＴの本来の役目は宇宙背景放射の観測だが、毎年春のブラックホール観測の時期が来たら誰かがバックパックにアルミ製の反射鏡を詰めて15フィート（約5メートル）の梯子を登り、真っ暗闇で零下60度の環境下で、屋根に設置されたマウントに反射鏡を差し込み、ＶＬＢＩモードに切り替える。これでＳＰＴのパラボラアンテナで集めた光は専用レシーバーに入ってくる。一連の観測を終えて通常モードに戻すときは、また誰かが梯子を登って反射鏡を回収する。ＥＨＴプロジェクトが続くかぎり、これが年中行事となるのだった。

２０１５年1月16日、ダンは自ら15フィートの梯子を登り、特製の反射鏡を差し込んでみた。望遠鏡のオペレーターがパラボラアンテナを月に向け、次いでいて座Ｂ２（銀河の中心近くにある巨大な分子雲）に向けた。単なるテストだが、レシーバーは完璧に作動した。問題なし。

その翌日、ダンと仲間たちはレシーバーをはずす作業に取りかかった。実はまだ未完成で、高周波対応モードを加える必要があったからだ。３か月後のＥＨＴ観測にチリのＡＬＭＡ（アタカマ大型ミリ波サブミリ波望遠鏡群）が参加せず、したがって真に地球規模の観測は先送りと決まった以上、このレシーバーを南極点で来年まで冬眠させておく理由はない。アメリカへ送り戻し、自分の研究室でじっくり改良に取り組むほうがいい。それに南極点観測所では今年いっぱい、リノベーションの工事が続くことになっていたから、どうせどこかで避難させなければならない。それなら今、自分の手でタクソンへ送り返すのが一番だ。

これで、２０１５年のＥＨＴ観測にはＳＰＴも参加しないことが確定した。

２０１５年２月３日
ヘイスタック観測所

ボストン周辺を拠点とするシェップやジョナサンたちのチームは、春の観測に向けて必要な機器を送り出す作業に追われていた。しかしこの年は毎週のように猛吹雪があり、あっと言う間に雪が積もった。積もった雪が解けないうちに、さらに雪。この日はスーパーボウルでシアトル・シーホークスを下したニューイングランド・ペイトリオッツの祝勝パレードが予定されていたが、それも延期になった。

シェップの子どもたちの学校も、この一週間は休校だった。子どもたちはそれなりの年齢になり、エリーサも育休モードを脱してどんな仕事も引き受けるようになり、念願の准教授への昇進に備えていた。しかしこの一週間は家にいて、どんどん雪が降り積もるのを子どもたちと一緒に見守るしかなかった。それでもシェップは雪かきに精を出し、いつもよりは慎重にハンドルを握って、ヘイスタック観測所へ通っていた。

山上にあるヘイスタック周辺はメープルシロップのCMに出てきそうな光景だった。駐車場にはブルドーザー級の雪の山ができていた。みんな定時には出勤できないが、欠勤はしない。ゴパル・ナラヤナンは毎日、アムハーストから車を運転してきた。二児の父であるジョナサンも、ビンセント・フィッシュもジェフ・クルーも、マイク・ヘクトもジェイソン・スーフーも、そして新しいポスドク研究員のアンドレもいた。

エンジニアリング室の蛍光灯の下、彼らが首をひねっていたのはメキシコのLMT（大型ミリ波望遠鏡）へ送り出す予定の新しいバックエンドとマーク6レコーダーのコンフィギュレーションだ。部屋中に発送用の段ボール箱が転がり，作業台や工具箱があり、テクトロニクス製のオシレーターとアジレント製のネットワーク・アナライザーを乗せたカートがあり、太さも色もまちまちなケーブルの束があった。問題のバックエンドは部屋の隅に置いてあり、すでに電源が入っていた。壁からは光ファイバーのケーブルが何本もぶら下がっていた。

このバックエンドは、ローラ・バータチチがほとんど一人で作りあげた。しかし今日の彼女はケンブリッジにいた。シェップは困惑していた。誰かがローラに電子メールを送り、至急こっちへ電話をくれと頼んだ。やばい、とジェイソンは思った。シアトル生まれのローラは、スーパーボウルでボストンに負けたので機嫌が悪いはずだ。「あの試合の話はしないほうがいいですよ」

電話が鳴り、ビンセントが受話器を取り、シェップに渡した。「やあ、ローラ。愛するシーホークスが負けて、さぞ悔しいだろうな」

ジョナサンとジェイソンは目をむいたが、笑ってごまかした。

「お気の毒だが」とシェップは続けた。「こっちも適切な薬と的確なカウンセリングを必要としているんだ。いいか、ぼくらはバックエンドのテストをしてる。アンドレがプログラムを走らせている。あとは自動的にすべての計算をやってくれると思っていたんだが……」

やがてシェップは受話器を置き、ジェイソンとビンセントに説明した。問題は、今までと違うモードでレコーダーを使っていることにあるらしい。それはまだテストを終えていないモードだった。しかし、メキシコへ送り出す直前になってテストをするとは何事だ、どうしてもっと早くやらなかった？　シェップはむかついた。

「問題は解決できます」。ジェイソンが言った。

「それは承知しているが、発送の前日になって初めてのテストをするって考えが気に入らない。一度も試したことのないものを現場に持ち込んで何かをやるなんて、そんな計画はありえない」

「2点あります」。ビンセントが言った。「まず、このモードは今まで使っていたものと違い、まだ若干の改良とテストを必要としています。しかし現場で使うマーク6が1台であれ2台であれ、どこかの観測拠点で問題が生じた場合には、このモードが必要になります。どちらが通常モードで、どちらがバックアップ用でもいいのですが」

「どちらでもいい、とにかくテストは必要だ」

「6分後に」とビンセントが言った。「ジェフを交えたミーティングが入ってます」

「ああ、勘弁してくれ」

＊　＊　＊

シェップとビンセント、ジェフ・クルーが同じ建物の反対側にある大会議室に入ると、マイク・ヘクトがリン・マシューズと一緒に待っていた。リンはヘイスタックの女性天文学者で、ALMAの改良（フェージング）プロジェクトに一貫して関わってきた。先月にはジェフと一緒にチリへ飛び、一連の最終テストの第1回目をやってきた。すべてのテストがうまく行けば、その段階でシステムはALMA側に引き渡され、いよいよVLBIの観測に使えることになる。しかしフェージング・システムにやっかいな問題が見つかった。ＡＬＭＡにある66台のアンテナで集めた電波を相関処理用のスーパーコンピュータに転送する際に生じる微小な時間差を補正するプログラムの欠陥だ。応急処置でしのぐことはできるが、美しくはない。しかし根本的な解決には時間がかかる。つまりシステムの引き渡しが遅れ、結果としてＡＬＭＡを含めたフルサイズＥＨＴの観測も遅れる。どちらを採るか。それを今日、この場で決めなければならない。

会議用の大テーブル（と言っても小型のテーブルを７つ組み合わせた簡素なものだが）をはさんで、一方にはシェップとマイク、ビンセントが座り、反対側にジェフとリンが座った。まさに事情聴取の雰囲気。聴取する側の３人は椅子の背に体を預け、両手を頭の上に載せていた。

「さて、どこに問題があるかは特定できた」。シェップが切り出した。「次は解決策を知り尽くした人間が必要だ。問題点をすべて洗い出そう。こんな欠陥がまた見つかったら、それこそ一大事だ」

「問題の一部は、システム全体を知る人間がほとんど残ってないということだ」とジェフは答えた。

「誰かにまかせたくても、そんな専門家は見当たらない」

どうやら、この想定外のテクニカルな障害は誰の責任でもないらしかった。ＡＬＭＡ専用のフェージング・システムを設計する長くて困難な作業の過程で、少なくとも何人かは、最終的に転送時間の微妙な違いを補正する必要があると気づいていた。しかし、それが問題だとは誰も思わなかった。実際、テストを始めたころには何の問題も出なかった。ところがＥＨＴの観測で使うミリ波のモードに切り替えたらエラーが出始めた。しかし、そのころにはシステム設計に関わった技術者の大半は別な現場に移っていた。

　そういうことなら、とシェップは言った。「メモを書いて、みんなに送ろう。１枚目で問題を具体的に説明し、２枚目には『どうすればいいか教えろ』と書けばいい」

　どうかな、とジェフは反論した。問題が発生して、こっちではお手上げだから救援を頼むみたいな話をするのなら、そのメモはよほど「慎重に練り上げ」ないといけないぞ。

「しかし事態をきちんと理解できなければ問題は解決できない」とシェップが言い、そこへマイクが割って入り、ジェフに尋ねた。

「さて、今は救援隊を呼ぶべきか、それとも君たちにまかせるべきかな？」

「正直言って」とジェフは答えた。「このプロジェクトを8月までに終わらせるには、ぼくらがやるしかない。８月で終われば、ＡＬＭＡを来年春の観測で使わせろって交渉をする時間もありますよね」

　ウォータールーの総会でマイクが、２０１５年春の観測にＡＬＭＡは参加しないと発表して以来、1年の遅れは誰もが覚悟していた。しかし今や1年の遅れでは済まない可能性が浮上していた。本格的にフェージング・システムのプログラムを修正するとなったら、いつフルサイズのＥＨＴ観測が実現するかわからない。

　そこでシェップが隣のマイクに向き直った。「ぼくらの助成金は今年で切れる。それが真の問題なんだ。延長の申請には、何が原因かの明確な説明が必要になる。評判に関わる問題だ。ぼくらは、評判で助成金をもらってきたんだ」

返す言葉はなかった。ＮＳＦ（全米科学財団）は２０１１年に、ＥＨＴへの助成金とは別に、ＡＬＭＡ改良プロジェクトに特別な助成金を出していた。しかし、その期限がもうすぐ切れる。８月までに作業が終わらなければ、追加の資金を正式に要請しなければならない。

「このままではスケジュールどおりに事を運べない」。気むずかしい沈黙の後、シェップは言った。

「俺の金が――いや、失礼」

「ＮＳＦの金、です」とビンセント。

「ＮＳＦの金だ」とシェップも言い直した。

それから数分間、議論は続いたが結論は出ない。ＡＬＭＡでのテストは数週間後に再開する予定だった。状況をきちんと説明したメモを回していたら間に合わない。そして次にテストをやれるチャンスは何か月も先だ。つまり、ここで余計な時間をかければ全体のスケジュールは１年以上遅れることになる。

「3月はテスト用に空いてるんです」とジェフが言った。「ここで時間をかければ3月のテストは無理になり、結果として年内に作業を終えてフェージング・システムを引き渡すのは不可能になる。そこまで遅れてもいいのなら、それで結構です」

そんなに遅れるのは困る。そう思うから、また堂々巡りの議論が始まった。そもそもＡＬＭＡ側は66台の望遠鏡の正確な位置を知っているのか、それとも相対的な位置関係しか把握していないのか。そんな疑問まで吹き出した。

「話を本題に戻そう。どちらを選ぶかだ」とマイク。

「やるしかないでしょ、ぼくらが」とジェフ。

シェップは眼鏡をはずし、あごをこすった。そしてテスト結果の数字が並んだ1枚の紙を目の高さまで上げ、じっと見つめた。穴のあくほど見つめ、何か妙案が浮かばないかと念じた。が、むなしい。シェップは紙をテーブルに置いた。「ここまで、よくやってくれた。立派な仕事だと思う。しかしマイクとぼくは、NSFや資金提供者のことも考えねばならない。ぼくが引き受けてきたから、君たちは仕事に集中できた」

つまり結論は、8月までに終わらせなくていいということですね。ジェフが言った。

「そうは言ってない」とシェップ。

3月にテストをやるかどうか、ALMAにはいつまでに通告すればいいのかね。マイクがそう問うと、ジェフとリンが口をそろえて答えた。だいたい1か月前です。

「では、あと1週間ほどしかない」とマイク。

ジェフはなおも食い下がる。来月にテストをしないとして、それでも2016年春のEHT観測でALMAを使えるとお考えですか？　それとも、もっと先送りするとか？

シェップは髪をかきむしって目を閉じた。「わかるだろ、こっちはプレッシャーで石になりそうなんだ」

「その点についてはボローニャ会議でピエール・コックスが明確にしています」と言ったのはビンセントだ。彼とシェップは先月、ボローニャ（イタリア）に飛んでヨーロッパのVLBI関係者との会議に出席していた。そのときピエールは全員の前で、ALMAの利用規則に例外はないと宣言したという。「12月までに準備を整え、来年の3月中に申請すれば、2016年後半に始まるサイクル4でALMAを使えます。ですからフルサイズのEHT観測ができるのは2017年の春です」

「ってことだ」。シェップがうなった。

20

2015年3月19日
メキシコ、プエブラ州シエラネグラ
大型ミリ波望遠鏡（LMT）

2015年春のEHT（事象の地平望遠鏡）観測初日、日没の1時間前だった。ローラ・バータチチはＬＭＴの直径50メートルのパラボラアンテナの真ん中にある金属製トンネルに入り込み、その先にある大きな穴を見つめていた。一緒にいたのはリンディ・ブラックバーン（ＥＨＴに新たに加わったポスドク研究員）と、この巨大望遠鏡を操作するダビド・サンチェス。ついさっき、作業員がこの穴（電波導入穴、１５１ページの図参照）を覆うブルーシートをはがしたばかりだ。３人とも寒さ対策は万全だった。ローラがのぞき込むと、磨き上げたニッケルの急斜面の先に山頂の火口跡が見えた。空はだんだんオレンジ色になっていく。大きな雲がゆっくり動き、もやがかかって山が見えなくなる。

「見て」。ローラがつぶやいた。「こういうのを神秘的って言うんだ」

ダビドは階段を駆け下りてコントロールルームに戻り、みんなに素敵なプレゼントをした。ゆっくりと望遠鏡を動かし、左方向に回転させると、見えてきたのは４５００メートルも下で夕日に染まるメキシコの大地。「ヤッホー！」。ローラが叫んだ。「回ってる！　望遠鏡の中にいて、私たち回ってる。信じられない！」

雲の下では嵐が発達していたが、この高さの空はオレンジ色が濃くなるばかり。

「天国にいるみたい」。ローラが夢見心地で言う。

しばらくして望遠鏡は止まった。「お楽しみは終わり、ですね」。リンディが言った。

＊　＊　＊

遠い宇宙から飛んで来た光は望遠鏡の内部をパチンコ玉みたいに転がっていく。巨大なパラボラアンテナ（主鏡、Ｍ１と呼ばれる）が集めた宇宙からの信号は、Ｍ１から自撮り棒のように伸びる腕の先に取りつけた直径75センチメートルの反射鏡（Ｍ２）に送られ、そこから電波導入穴に入り、さっきまでローラたちがいたトンネルを抜ける。その終端には磨き上げたアルミ製の鏡（Ｍ３）があり、これが信号を次なる反射鏡（Ｍ４）に送る。このＭ４は今回のＥＨＴ観測に備えて新たに設置したものだ。

Ｍ４で跳ね返った信号はプレクシグラスのパネルに開けた穴を抜け、教科書サイズの四角いアルミ製反射鏡（Ｍ５）に当たる。そこからは最後の一飛びで、10センチメートルほど先のレシーバーに収まる。ゴパル・ナラヤナンが部品をかき集め、なんとか今年の観測に間に合わせた手製のマシンだ。

望遠鏡に「試乗」して夢見心地のローラとリンディが鏡の間を抜けてレシーバー室に下りてくると、そこではゴパルと、その教え子でマサチューセッツ大学アムハースト校を卒業したばかりのアレクス・ポプステファニヤが最終チェックに取り組んでいた。ゴパルは眼光鋭い50代の男で、やせ型。髪は黒く、あごひげを生やし、四角いメガネをかけていた。高地での作業に備えてフランネルの青シャツに深緑のフリースを重ね、ジーンズにハイキングシューズを履いていた。液体窒素を満たした発泡スチロールのクーラーを、ゴパルはＭ５の前に置いた箱に乗せた。脇に控えるアレクスはノートを開き、なにやら数字を書き込んでいた。

手製のレシーバーは各種のデバイスを組み合わせたもので、白いテーブルにボルトで固定されている。M5の鏡で反射された信号はビームスプリッターと呼ばれる装置を通ってプレクシグラスの箱に入り、その一部は金メッキを施したラッパ型のフィードホーンの口に吸い込まれ、反対側の狭い口からは今後の処理に必要な信号だけが出てくる。この残された信号を待っているのはミキサー(周波数混合器)と呼ばれる装置。よくわからないが超微細な加工を施した金属製の箱だ。ここで空から降ってきた電波の信号と、階下の水素メーザーが発する純粋なトーンの信号を混ぜ合わせ、中間周波数(インターメディエイト・フリークエンシー＝ＩＦ)の信号に変換する(宇宙からきた電波は周波数が高くて扱いにくいので、いったん低周波のＩＦに変える必要がある)。

このＩＦ信号は、さらに直進して絶縁体を超電導体ではさんだ特殊なミキサーに飛び込み、そこで光のフェーズや振幅に関する情報をエンコードした電気信号に変換される。レシーバー室には、この特殊なミキサーを冷やすコンプレッサーのリズミカルな音が満ちている。液体ヘリウムを送り込んで、ミキサーを絶対温度で4度という超低温まで冷やすのだ。この温度に保っていないと量子ノイズの影響を判別できない。

暗黒のブラックホールが輝いて見えるのは、その周囲にいる無数の原子が光子を放っているからだ。その光が2万6000年も旅をして、せいぜい野球グラウンドの内野くらいの鏡面に落ちる。そこからいくつものアルミ製反射鏡にぶつかって、最終的にはレシーバーで電気信号に変換される。そのレシーバーを形作る原子のかすかな揺らぎでさえ、宇宙から来た電波より10万倍も強い熱ノイズを出す。当然、変換の過程でエラーが発生するリスクは山ほどある。だからこそ観測を始める前には必ず、慎重なテストと調整が必要とされる。今もゴパルとアレクスは液体窒素のクーラーから出る赤外線の「温度」を測定していた。レシーバーの基線ノイズを決定するためだ。レシーバーで記録したすべての測定値からは、この基線ノイズの値を差し引くことになる。難しい話はさておき、今のところすべては順調に見えた。

＊　＊　＊

ブラックホールの周辺から飛んできた光の情報をエンコードした電気信号はレシーバーを出て長いケーブルを伝い、2階下のバックエンド室に落ち着き、そこでデジタル化され保存される。この作業に必要な各種の電子機器は、3週間前にシェップとリンディが設置していた。

バックエンド室は静かだった。例によって雑然とした感じだが、サーバー専用の棚が並び、防水仕様のハードケースが転がり、作業台にはケーブル・コネクターや減衰器やらの小道具が無造作に乗っかっている。前年の春、水素メーザーの設置で訪れたシェップに同行して通訳も務めたホナタン・レオンタバレスは細かい図表に目を通していた。レシーバー室から下りてきたローラとリンディは、マーク6につなぐイーサネットのケーブルを探していた。今年はほとんどの観測拠点でこのデータレコーダーを使うことになっていた。シェップは息子から借りてきたニット帽をかぶって作業机に向かい、ノートパソコンの画面を心配そうに見つめていた。

例によって天気は気まぐれだ。1週間前のシエラネグラは猛烈な吹雪で、望遠鏡も凍りついた。

そのまた1週間前は妙に暖かく、向かい側の最高峰ピコ・デ・オリサバでは氷が解け、1959年の雪崩に巻き込まれた登山者2名の遺体が発見されていた。

そこへゴパルがやって来てシェップに歩み寄った。妻が病院で検査を受けるので、自分は約36時間後にここを去る、それまでにやるべきことは何かな？「ともかく今夜と明日の夜は、ずっとここにいるよ」。ゴパルはそう言った。

＊　＊　＊

隣のコントロールルームではダビド・サンチェスが望遠鏡の向きを調整していた。時刻は午後8時すぎ。あと1時間ほどでM87と明るいクェーサーが2つ、視界に入ってくる。そのときLMTだけでなく、他の観測拠点でも同じ天体が見えていること。EHTの観測ではそれが要求される。しかし天気が悪ければ見えない。

ここメキシコの天気は微妙だった。大気の透過率を示すタウの値は約0・5。良好とは言えないが、この山では夜が深まるにつれて晴れるのが常。ちなみに地元の天文学者は午後4時を「汚い4」、午前4時を「きれいな4」と呼んでいる。他の観測拠点からの情報もまちまちだ。各地の天候を記録するためにローラとリンディが作成したグーグル・ドキュメントに、マウナケアにあるSMA（サブミリ波望遠鏡群）のチームは「良好」と書き込んでいたが、すぐ隣のJCMT（ジェームズ・クラーク・マックスウェル望遠鏡）からは「最悪」という報告が来ていた。

何はともあれ、ダビドとしては望遠鏡の照準を合わせるのが先決だ。そしてそれには、正確な位置の判明している天体を見つける必要がある。現時点で木星は見えるが、大きくて明るすぎるので、LMTのように繊細な望遠鏡の微調整には適さない。しかし土星が見えてくるのは午前2時だし、金星はもう沈んでいる。ならば木星でやるしかない。

午後8時半ごろ、シェップが入ってきてダビドに歩み寄った。ダビドの前にはコンピュータのモニターがずらりと並び、なかに最新の気象データを表示するものもあった。

「青いレベルが天気の悪さを示してます」。ダビドが言った。「悪さ」は、雲や雨などの水蒸気が多くて観測に不向きな状態を意味する。

「つまり」とシェップは言った。「予測可能な範囲では、この先、天気は悪くなるということか」

「そう言えますね」

「それでも目標にフォーカスできるか？」

「好天なら、できます」。ダビドは言って、まず木星を探した。簡単に見つかったが、まだ画像はぼやけている。もっとフォーカスしないとクェーサーは見えない。クェーサーが見えても、それはまだフリンジ・テストの第一歩にすぎないし、フリンジ・テストもいて座A*やM87の観測に向けた予行演習にすぎない。

「せめてクェーサー3C273は見たいな」。シェップがダビドに言った。「3C273さえ見えないようだと……」

バックエンド室から戻ってきたゴパルに、シェップが告げた。「ダビドがこの先1週間の天候予測を見せてくれたが、かなりひどい」

「まあ、それが君の引いたカードってことだ」とゴパル。

「そのとおりですが、今のぼくは慰めよりも行動につながる情報が欲しい」

＊　＊　＊

遅めの夕食は、みんな1階にあるキッチンで摂った。それから階段を上がり、エレベーターでコントロールルームに戻った。高地で空気が薄いから足が重い。ここの天気は悪くなる一方だが、グーグル・ドキュメントやEHTのウィキサイトの書き込みを見ると、よその拠点では観測が始まっていた。しかしメキシコのLMTは、まだクエーサーにフォーカスすることもできない。

タウの値は上がる一方で、ついに0・6になった。無理だ、今晩のフリンジ・テストには参加できない。シェップとゴパルはそう判断した。シェップはスカイプを起動し、CARMA（ミリ波天文学研究望遠鏡群）にいるジェイソン・スーフーにこちらの状況を伝えた。そこへダビドが戻ってきて告げた。「雹《ひょう》になってきたので望遠鏡をしまいます」。望遠鏡を空に向けるのも、早めに避難させるのも彼の大事な仕事の一部。雹が反射鏡の表面を傷つけたら一大事だ。ちなみにLMTの運用規則では、向かい側の最高峰ピコ・デ・オリサバが噴火した場合も望遠鏡をしまうことになっていた。火山灰が鏡面に積もり、水を含んでセメント状に固まったら目も当てられない。

ダビドが望遠鏡の格納作業を終えたころには、タウの値は最悪になっていた。みんなあきらめてコントロールルームを去り、真っ暗な駐車場まで下りた。そしてメキシコ政府の用意したトラックに分乗し、スイッチバックを繰り返して山麓のベースキャンプへと向かった。

2015年3月20日

翌日も日没までには全員が頂上に戻った。しかしEHTウィキサイトの情報を見るかぎり、今夜も期待薄だ。ハワイのSMAは観測準備を整えていたが、それ以外はどこも装置の不具合か天候不良、あるいはその両方だった。LMTの天気は「まずまず」で、観測のチャンスが「何度かはありそう」だが「まだフォーカス作業中」。それでもなんとか3ミリ波でのテストをし、どこかの拠点とフリンジ・テストをする。それが今夜の目標だった。ゴパルが山麓のバス乗り場に向けて出発するまでに、せめてそこまでは終わらせておきたい。

観測可能な午前5時すぎまでの天気予報はよくない。しかし予報がはずれる可能性はある。マウナケアのように大気の逆転層ができ、下は曇りでも山頂は晴れるかもしれない。あるいは大雨が降って大気中の塵《ちり》を洗い流すか。現状は霧が濃く、気温は摂氏0度をやや上回る程度。この2つの条件が重なると、先は読みにくい。気温が下がれば霧が凍ってパラボラアンテナに落ちてくる。霧氷が鏡面を傷つけることはないが、氷が解けるまで観測はできない。そして氷が解けるのは、たぶん朝が来て陽が昇ってからだ。

こうなると、できるのは天候の回復を待つことのみ。真夜中すぎ、ダビドとゴパルが数人を従えて電波導入穴まで登り、鏡面の状態をチェックした。強力な懐中電灯で照らしてみると、そこには霧が川のように流れていた。「完全に霧に包まれたな」。ゴパルがつぶやいた。そんな状況で観測はできない。ふつうなら、さっさとあきらめて下山するところだ。しかしゴパルが立ち会えるのは今夜のみ。ゴパルは決めた。「まだ可能性はある。とにかく温度を見張っていなくては」

＊　＊　＊

午前1時すぎ、ゴパルがコントロールルームの音響システムでエンヤの曲を流し始めた。びっくりしたシェップが眉を吊り上げる。

「エンヤは嫌いかな?」。ゴパルが言う。

シェップは微笑み、首を左右に振り、ホナタンやヒセラ（・オルティス）とのテクニカルな議論に戻った。

セイル・アウェイ（帆を上げて行こう）、セイル・アウェイ、セイル・アウェ……

「君たちも行くんだから、別な曲をかけてもいいぞ」。ゴパルが言う。

「いや、このまま『セイル・アウェイ（邦題「オリノコ・フロウ」）』で行きましょう」とシェップ。

「すごいことになってますから」

エンヤの神通力で流れが変わったらしい。1ミリ波で木星にフォーカス成功！　ゴパルが宣言した。大気の状態は回復に向かっている。

「さあ、お待ちかねの瞬間が来るぞ」。シェップは興奮気味にそう言って机に向かい、パソコンを開いてカリフォルニアとハワイを呼び出し、チャットを始めた。やがて顔を上げたシェップは全員に告げた。よし、他局もすべて準備完了だ。

望遠鏡が正しい方角を向き、フォーカスに成功したとなれば、疲れて眠くて酸素が少なくてもみんなの士気は高まる。ゴパルの教え子でマイクという男が言った。「うまく行ってほしいけど、これでエンヤがぼくらのテーマソングになるのはご免だな。毎晩聴かされたら変になっちゃう」

観測開始の時間が近づいていた。みんな無言でパソコンに向かっていた。リンディは足下でとぐろを巻いているブルーのケーブルを愛用のマックブックにつないだ。ローラは固めの黒いソファに座ってパソコンを膝に乗せ、担当するマーク6レコーダーとバックエンドにコマンドを送った。

「聞きたいんだけど」とシェップがゴパルに言った。「いつごろフリンジ・テストに入れるかな？　パーフェクト（なフォーカス）にこだわってチャンスを逃したくない」

「しかし、まだむこうはデータを集め始めてない」とゴパル。「むこう」というのはカリフォルニアとハワイの望遠鏡のことだ。

「なら電子メールで、今すぐ始めるように指示する」とシェップ。「ぐずぐずしてたら、またタウが上がってしまう」

「ここを含めて、7局中4局は準備完了です」とローラ。

数分後、他局の最新情報を確認したシェップが言った。「よし、全部ＯＫだ」

そして他局に観測開始のメールを送ろうとしたとき、ゴパルが言った。「フォーカスが切れた」

「タウはどうなってる?」とシェップ。

「上がってます」とダビド。

「まだフォーカスできない」とゴパル。

「観測開始の予定時刻まで、あと45分」とローラ。

それからの数分間、ゴパルとダビドはコントロール・パネルをにらんで口径50メートルの巨大望遠鏡と格闘した。そしてついに、ゴパルが机をたたいた。「よし、フォーカスできたぞ!」

＊　＊　＊

48分後。カリフォルニアとアリゾナ、そしてメキシコをつなぐ今年のＥＨＴ観測網が正常に機能するかどうかを確認するため、まずは2つのクェーサーを捕らえる作業が始まろうとしていた。

「いよいよだぞ」とシェップ。

「ですね、秒読みです」とリンディ。

「勝負よ、感動する」とローラ。

「いよいよだな」とシェップが念を押す。

「始まりです」とリンディ。

「スケジューラー、起動」とダビド。

「OK、30秒経過」とリンディ。

「3C279を捕らえた。4、3、2、1、完了」とダビド。

「データが入ってきてます」とローラ。

「ぼくは光が見たい」とシェップ。

「ハードディスク正常に作動中。データ量がどんどん増えてます。ほら、（レコーダーの）光が点滅してますよ」。リンディがうれしそうに言った。

＊　＊　＊

しばらくは万事が順調に見えた。しかし2時間後、ゴパルが悪い知らせをもたらした。「何か光学系に問題がありそうだ。またフォーカスできなくなった」

ふつうの状況なら、こういう場合はいったんEHT共同観測から抜け、30分か1時間かけて最初からフォーカスしなおせばいい。しかしゴパルの出発時間は1時間後に迫っていた。そして彼自身、問題の原因を把握しかねていた。「2つの可能性があると思う」とゴパルは言った。「1つは、単純に（LMT自体に何らかの問題があって）フォーカスできない場合。もう1つは、冷却器内の光学系のどこかがおかしい場合だ」。つまりゴパル自身が手作りした寄せ集めのレシーバー内部で想定外のことが起きている可能性だ。

ゴパルによると、超低温を保つ冷却器《クライオスタット》にはトータル・パワーボックスが入っている。望遠鏡を向けている天体から届く電波が期待どおりに集まっているかどうかを判定するのが、このパワーボックスだ。しかし、そこにノイズが入ってしまうと判定が狂う。とくにクェーサーのように遠くの天体を見る場合はそうだ。

「どっちの問題なのか、どうすればわかる?」とシェップが言った。

「今やっている」とゴパルが答えた。彼はこの望遠鏡で何が、どこまで見えるかを試そうとしていた。「今までやったことのない限界に挑戦してみる」。どうやらゴパルはEIITの共同観測をあきらめ、レシーバーの問題を洗い出す必要ありと判断したらしい。

「つまり光学系があやしいということですね」とシェップ。

「私はそう思う」とゴパル。

ならば決まりだ。シェップはダビドに指示した。「(共同観測からは) 降りて、土星に望遠鏡を向けよう」

ゴパルは荷物をまとめて出発の準備にかかった。シェップは呼吸を整え、常備品のパルスオキシメーター(指先に当てて血中酸素濃度を測る装置)で自分の体内に酸素が足りているかどうかを確かめた。

「今あなたが帰らなきゃいけないのは本当に残念です」。シェップはゴパルに言った。「このシステムはあなたのものです。あ、ピート・シュローブはどうです？　彼は詳しいですか？」

「もちろん、実に詳しい」

「彼を呼べませんか？　ここには彼が必要だ、今すぐにでも……」

ゴパルはコートを着てバックパックを背負った。まだフォーカスできない状態が続いていた。

「フライト中でもＷｉ‐Ｆｉにはアクセスできる。データは取り出せるし、メールも送れる」。つまりゴパルは明日も、夜中になれば観測に遠隔参加できるわけだ。

シェップはＥＨＴのディレクターだが、ＬＭＴはゴパルの城だ。ある意味、ここでの主導権はゴパルが握っている。ここを一番よく知っているのも彼だ。シェップも望遠鏡全般には通じているが、ここでの経験は数えるほど。比べものにならない。

「まだ40分ある。今できることを考えよう」。シェップがみんなに言った。

「まずまずの天気だ」。去り際にゴパルが言った。「絶好ではないが、悪くはない。とにかく今は最大限にフォーカスしてみるべきだ。私ならそうする」

「よし、今夜最後のスキャンを始めるぞ」。シェップが指示した。

「いま午前4時50分。あと30分あります」。ローラが言った。

もうゴパルはいない。シェップは落ち着かない様子で室内を行ったり来たり。「ゴパルが残ってくれていたら」。思わず声に出してつぶやいた。「知り尽くしているのは彼なんだ、望遠鏡も、レシーバーも」

この日最後のスキャンでねらったのは３Ｃ２７３、世界で初めて確認されたクェーサーだ。およそ20億光年の彼方で輝く小さな光源。その発見がきっかけとなって、ドナルド・リンデンベルは銀河の中心に巨大ブラックホールがあるという結論を導いたのだった。ＬＭＴのタウは０・３まで下がっていた。今夜としては最高の状態。ローラは他の観測拠点にメールを送り、最終スキャンの10秒分のデータをヘイスタック観測所に送るよう指示した。相関を取るためだ。この瞬間、メキシコとカリフォルニア、そしてアリゾナの望遠鏡が一斉に同じ天体を見つめていた。

「今の状況ではベストなフォーカスができました」。ダビドが言ってコンピュータのモニターを指さした。

「どこまで見えたと思う？」とシェップ。

ダビドは首を振った。「20秒角までです」。なみの星には十分だが、ブラックホールを見るには足りない。ダビドは溜め息をつき、こう続けた。「思うんですけど、これって望遠鏡の問題じゃないような気がします」。もしも問題がＬＭＴ本体のどこかにあるのなら、もちろん朗報ではないが、修理は可能なはずだ。プエブラ州なりメキシコ政府なりに要請して原因を究明し、問題を解決してもらえばいい。だがレシーバーの問題だとしたら、控え目に言っても大問題だ。このレシーバーを作り上げた人物は今ごろ、メキシコシティの空港へ向かうバスに乗っているはずだった。

「君の考えでは、問題はレシーバーにあると？」。シェップがダビドに念を押した。
「ええ、まあ」

２０１５年３月21日

この年の観測でいて座A*の写真が撮れるとは誰も思っていなかった。チリのＡＬＭＡ（アタカマ大型ミリ波サブミリ波望遠鏡群）も南極のＳＰＴ（南極点望遠鏡）も参加していないからだ。それでも既存の観測網にメキシコのＬＭＴを加え、真に地球規模のＥＨＴに一歩近づくことが大事だった。成功すれば、シェップは胸を張ってＡＬＭＡに行き、さあ来年春の観測時間をくれたらブラックホールが見えるぞと言える。しかし3日目の朝を迎えてもＬＭＴは正常に機能していなかった。何らかの理由でまともに対象にフォーカスできない。原因を探ること。それが今夜の課題だった。

山麓のベースキャンプで数時間の仮眠を取った後、観測チームは再び山頂に戻る準備を始めた。まだ午後の早い時間、山麓の村は活気に満ちていた。傾きかけた陽の光が村を暖かく包み、人々は広場で食事や酒や歌を楽しんでいた。晴れた日には威容を誇っているピコ・デ・オリサバもシエラネグラも、この日は雲に隠れていた。

シェップとダビドは買い物に走り回っていた。今宵の「実験」に必要な道具を調達するためだ。

まずは大型スーパーに寄ってポテトチップスとパン、発泡スチロールのカップ（液体窒素用）とコーヒーカップ（こちらはコーヒー用）を買った。それからあっちの金物店、こっちの工具店と走りまわり、適当な太さの針金を探した（アランブレ・ヌメロ・ドセ（12番の針金）はあるかい？　いや、ケーブルじゃなくてさ！）。ＬＭＴに設置した反射鏡とレシーバーの間に液体窒素入りのカップを持ち込んで不思議な実験をするためだ。彼らが登山道に入ったのは午後7時、すでに日は沈んでいた。

山頂に着くと、２人はレシーバー室に直行した。まず２本の針金をより合わせて、暖炉で使う火かき棒のような形状の道具を作り、その先端に黒いウレタンフォームの小さな四角形の板を突き刺した。シェップは発泡スチロールのカップに液体窒素を注ぎ、そこに四角形の板を浸し、チーズフォンデュの要領でそっと引き上げた。凍えたウレタンフォームの板から液体窒素の煙が上がっている。「アイスキャンデーのできあがりだ」

シェップは反射鏡Ｍ４のある場所へ上がった。手袋をはめた左手で液体窒素入りのカップを支え、素手の右手で特製アイスキャンデーの棒を持っている。そしてキャンデーを液体窒素に浸し、ＥＨＴチームの設置したＭ４の鏡面にかざした。

下の部屋で、レシーバーにつながるデジタル表示盤が点灯した。ローラとリンディが数値を大声で読み上げる。シェップはキャンデーの位置を次々と変えていった。

「11、12、14、12、15、14」。リンディが叫ぶ。

「暖かくなってる！」とローラ。

シェップが探っていたのはM４のスイートスポット、液体窒素キャンデーの発する赤外線を最も効率よく反射してレシーバーへ送り出す場所だ。そしてローラとリンディが読み上げていたのは鏡面の温度。最も低いところがスイートスポットのはずだ。「よし、順番にやろう。まずは鏡面の長軸に沿ってかざしていく。数値を記録してくれ」

「ポジション・ワン」とシェップ。

「10」とリンディ。

「よし、次」とシェップ。

「13、14」とリンディ。

「最初のが一番低いです」とローラ。

「今度は方向を変える」とシェップ。「行くぞ、ポジション・ワン」

何分間かこれを繰り返して、シェップはターゲットを絞り込んだ。そして鏡面の中心からだいぶはずれた場所に凍結キャンデーをかざしたとき、温度はがくっと下がった。

「おーっ、大当たり！」とローラ。

シェップは目を丸くした。開いた口がふさがらない。そして「本気かよ」とつぶやいた。「ＯＫ、面白いじゃないか。なんでこんなに、はずれてるんだ？」。誰にも知り得ない何らかの理由で、M４の位置は大きくずれていた。これだけでもフォーカスできなかった原因の一つにはなる。

その間に助っ人が駆けつけていた。まずはＬＭＴ所長のデビッド・ヒューズ。いかにもなイギリス紳士で、２０１１年の就任以来ずっとメキシコに住んでいる。この日は、何と言うか未来的なスポーツウェアを着込んでいた。もう一人はピート・シュローブ。マサチューセッツ大学アムハースト校の教授で、最初期からＬＭＴに関わっている。前日の朝、たまたま当地で新しい宇宙線観測所の開所式があったのでメキシコ入りしていた。この日の衣装はアウトドア用のジャケットにジーンズ、ニット帽。そのまま鹿狩りにでも行けそうだった。

２人の協力を得て、今度はレーザー光を使った実験をすることになった。まず所長のヒューズが、オプティカルフラットと呼ばれる小さな鏡をいくつか鏡面に置き、リチウム・グリースで固定した。職員が電波導入穴まで登り、天井に設置した赤色レーザー光の発射装置をオンにした。このレーザー光は宇宙からの電波と同じ経路をたどってレシーバーに向かう。シェップとピートはレシーバー側に設置した装置から緑色レーザー光を発射した。これで赤と緑のレーザー光は正反対の方向へ飛ぶことになる。職員がレシーバー室の窓に紙を貼って遮光し、室内の照明を消した。

もしもすべての反射鏡の配置が正しければ、赤と緑のレーザー光は完璧に重なるはずだ。しかし結果は、５センチ《メートル》以上ずれていた。

「勘弁してくれ」。シェップが言った。「ゴパルたちは数週間前にこれ（液体窒素キャンデーを使ったテスト）をやり、これ（レーザー光によるテスト）もやっていた。なのにどうして、こんなにずれる？」

「完璧だと言ってました。2つのレーザー光はぴったり一致して、ホットスポットもばっちりだって。3週間くらい前です」と言ったのはリンディ。

「しかし今は、そのときと同じじゃない。2つのレーザー光は重なっていない」。シェップは首をひねった。反射鏡（レシーバーの直前にある小さな反射鏡）の向きを変えてみる。レーザー光のテストを繰り返し、少しずつ慎重にM5の向きを変えてみる。それから約1時間、真夜中になったころ、どうにか2つのレーザー光は重なって見えた。シェップは超低温アイスキャンデーを持って再び階段を上がり、M4の鏡面にかざした。

下からピート・シュローブの声がした。「かなりよくなってる」

＊　＊　＊

みんなエレベーターでコントロールルームに降りた。さあ今度こそ目指す天体にフォーカスできるだろうか。望遠鏡を木星に向けると、今までより3倍も明るく見えた。それだけ多くの光が、レシーバーに届いている証拠だ。つまり、反射鏡を微調整した効果はあった。しかし、それでも彼方のクェーサー3C279は見えなかった。

午前3時。誰もが無言で、ノートに何やら計算式を書きつけるか、パソコンのキーボードをたたいていた。BGMの欲しくなった所長のヒューズが、ボン・イヴェールというインディ系の歌手の曲を流した。まだ3C279は見えないが、ステレオからはこんなコーラスが聞こえていた。

見てやるぜ、何マイルも何マイルも、何マイルも先まで

要するに反射鏡の並びの問題だけではない。それはもう明らかだった。レシーバーの内部で何らかのノイズが発生し、そのせいで望遠鏡はフォーカスできないのだろう。みんなそう思ったが、解決策はわからない。シェップは経験豊富なCARMAのチームとビデオ会議で相談し、次の一手を決めた。手持ちの備品で一種のフィルターを作り、それをレシーバー内に設置すれば、とりあえずノイズを消せるかもしれない。ダビドは反対したが、ピートはやってみようと言った。所長のヒューズは必要な道具を探しに行った。

その間、手分けしてレシーバーの内部を徹底的に調べた。そしてついに犯人らしきものを見つけた。絶縁フィルムの1枚がゆらゆら揺れていた。これがノイズの原因か？　みんな驚き、あきれたが、ほっとしたのも事実らしい。「さて」。シェップは自虐的な笑いをこらえて言った。「どうしたものかな？」

午前6時。フィルター作りに必要な材料はどうにか集まった。シェップはコントロールルームの机に向かい、部品のハンダ付けを始めた。ダビドとピート・シュローブは土星に望遠鏡を向け、どこまでフォーカスできるか試していた。

標高4500メートルの高地で夜どおし、神経を研ぎすまして働けば、夜が明けるころには体力の限界が来る。判断力も鈍る。シェップはまだ続けるつもりだった。他の星にも望遠鏡を向けてくれ。このフィルターを取りつけて、結果を見ようじゃないか。

もう終わりにしよう、と言ったのはダビド。これ以上やっても意味がない、酸素も睡眠も足りない状況でやり続けても、間違って何かをぶっ壊すリスクが増えるだけだ。

「限界を超えてます」とダビド。

「わかった」とシェップ。「撤収しよう」

それでも一人だけ、疲れた素振りを見せない人がいた。ローラだ。この山頂へ来た日からずっと、彼女は元気いっぱいだ。眠そうにもしていない。だから山下りのハンドルは彼女に握ってもらうことにした。このルートの運転は初めてだったが、誰にだって初体験はある。助手席にはルートを知り尽くしたダビドが座り、細かく指示を出した。スピードが出すぎてる、ここでギアを落とせ、四輪駆動を解除しろ、この先は急カーブだぞ、ゆっくり、ゆっくり。後部座席の背にもたれたシェップはとっくに寝息を立てていた。垂れた頭が車の振動に合わせて揺れる。あごが胸板にぶつかる。狙撃された兵士みたいだ。

21

液体窒素アイスキャンデー実験の長い夜から数日後、問題は2つあることが判明した。1つは反射鏡のずれで、M4のマウント破損が原因だった。これは簡単に修理できる。もう1つの問題が液体ヘリウムで超低温に保っている冷却器内の不具合であることも、まず確実だった。しかし確かな解決策はない――少なくとも、ゴパルが戻ってくるまでは。ゴパルお手製の液体ヘリウム冷却器を開けてみる勇気は、シェップにもローラにもリンディにもなかった。代わりにプログラムの修正でノイズの影響を消そうとしたが、うまくいかない。それでやむなく、原始的な応急処置に頼ることにした。まず3ミリ波のレシーバーを使って目標の天体に照準を合わせ、そのピンポイントのデータを1ミリ波のレシーバーに転送する。その作業の繰り返しだ。1時間ごとに手作業で反射鏡M4を抜き差しすることになるが、他に手がない。実際、その週はどうにかこれで急場をしのげた。

2015年春のEHT（事象の地平望遠鏡）観測最終日、どこの拠点でも夜空は晴れていた。好天が続くという予報だったので、予定を延長して翌晩も観測することにした。しかし1週間を通じてみれば、総じて天候には恵まれなかった。膨大なデータを集めたが、どれもどこかに欠陥があった。およそ1か月後、ヘイスタックでの相関処理によって、LMT（大型ミリ波望遠鏡）とハワイのSMA（サブミリ波望遠鏡群）のデータでフリンジが取れた。各観測拠点に新しい装置を据え、VLBI（超長基線干渉計）観測網として使うことには成功したと言える。それは1つの実績だ。しかし新しい科学的成果を期待できる状況ではなかった。メキシコからだけでも200テラバイトのデータを送ったのに。

＊　＊　＊

春の観測が終わって2週間後、シェップは車を飛ばしてニューヨークに行った。家族も一緒だ。セントラルパークの西側にあるアメリカ自然史博物館のヘイデン・プラネタリウムで一般向けの講演をすることになっていた。春めいて暖かい日の夕暮れだった。会場は超満員。ドーム型の天井には、いつもの天空ではなくシェップの用意したスライドが映し出されていた。

暗くした部屋の真ん中にある演壇でスポットライトを浴びたシェップはいつもの話を、いつもよりユーモアを交えて語り出した。「ヘイデン・プラネタリウムに招かれるのは天文学者にとって最高に光栄なことです」。これが最初の一言。続けて「教会の偉い人がバチカンに招かれるようなものです」。さてブラックホールというのは、一般相対性理論と量子力学が出会って「握手をする」場所です。もしも最強の「電波ゴーグル」をつけて観測すれば、そこからものすごい勢いで噴き上がるジェットが見えるでしょう。そのエネルギーたるや「毎秒10億の10億倍の10倍個の水爆」を落とすのと同じくらいです。ＳＦ映画に出てくる星間宇宙船の比ではありません、「こんなエネルギーを生み出せるのは、回転している巨大ブラックホールだけです」。

物質がぎゅっと押しつぶされると信じがたいほど高密度の天体ができること（「中性子星というすごく重い星ですが、そのサイズはここニューヨークと同じくらいです」）、巨大ブラックホールは銀河の合体で生まれた可能性があることも説明した。そのシミュレーション映像を見せる前には、こう警告した。「すごくリアルな映像で、出会いから絶頂までを全部お見せするので、未成年の方は目をふさいでくださいね」

メキシコの山頂で悪戦苦闘した1週間が嘘だったかと思えるほど、この日のプレゼンテーションは完璧で、すべてが彼の思いどおりに運んだ。いて座A*にあるはずのブラックホールの影《シャドウ》のCG画像も見せ、ローラ・バータチチの作ったEHT紹介アニメも見せた。まず地球が映し出され、EHTに参加する望遠鏡の位置が示され、地球の自転につれて(「まるでクモが私たちの指示どおりに巣を張っていくみたいに」)各観測拠点を結ぶ基線が描き出される。高地での観測の苦労話もし、LMTに原子時計を運び込んだときの映像の一部も見せた。「1個30万ドル(約3300万円)もする時計を細いケーブルで吊り上げて螺旋階段の上まで運ぶのです」とシェップは言った。「これは見逃せませんよ」

この先の予定についても説明した。あと2、3年で観測拠点を今の3つから8つに増やす。そうすると集まるデータは16倍に増え、集光能力も10倍に広がる。そうしたら、ついにブラックホールの影《シャドウ》の写真が撮れる。

質疑応答の時間になると、真っ先に手を挙げたのは大学生くらいの男子だった。「あのBBCのドキュメンタリーは見ました。感動しちゃった。それで、その特異点という場所では何が起きているのですか?」

講演は無事に終わった。シェップは妻エリーサや子どもたちと一緒に博物館を出て、裏手のコロンバス街にあるレストランまで歩いた。シェップの顔には満足そうな、ほっとした表情が浮かんでいた。つらい夜が続いたけれど、この夜だけは彼のものだった。

＊　＊　＊

あいにくＡＬＭＡ（アタカマ大型ミリ波サブミリ波望遠鏡群）はプラネタリウムの客ほど甘くなかった。

今春の観測初日に、シェップはＬＭＴのベースキャンプから国立電波天文台の所長トニー・ビーズリーに電話していた。そしてＡＬＭＡの決めた新しいルールを知った。今後はＥＨＴチームも、ＡＬＭＡにおいてはそのサービスをすべての天文学者に開放すること。つまり、しかるべき手続きを踏んで申請すれば誰でも、ＡＬＭＡを地球規模のＶＬＢＩ観測網の１拠点として使えるようにするということだ。ＥＨＴチーム以外の誰かがいて座A*の観測を申請し、ＡＬＭＡ側がそれを認めた場合、シェップたちはその誰かの観測に協力しなければならない。なぜならＡＬＭＡは広範な国際協力によって「オープン・アクセス」の大原則の下で建設された施設であり、その観測能力（シェップたちが増強した能力を含む）を利用する機会は世界中の天文学者に等しく開かれているからだ。ゆえにＥＨＴは今後、誰でも利用できる。白壁のベースキャンプの外では犬が吠え、車載のスピーカーは何やらスペイン語でがなり立てていた。電話口でビーズリーが読み上げる新規則を聞きながら、シェップは思った。「こんなの、ありえない」

受話器を置いたときは、ちょっと休みたいと思った。しかし2週間のメキシコ滞在中も国に帰ってからも、休む暇はなかった。膨大なデータの解析は待ったなしだ。それでもふつうの年なら、晩春から初夏にかけてはリラックスできるはずだった。終えたばかりの観測を振り返り、次の計画を考え、妻や子ども、飼い犬とゆっくり過ごせる時期だった。でも今年は違う。ヘイスタックへ持ち帰ったデータはすべて、どこかに欠陥があった。メキシコのデータだけではない。CARMA（ミリ波天文学研究望遠鏡群）はデータをうまく取り出せなかった。SMAはデータの記録フォーマットを間違えていたので、変換するのに余計な手間がかかった。多くの新しい装置、新しいソフトウエアを試すことはできたが、結果は出なかった。

しかもALMAとの関係は悪化する一方に見えた。5月にはウエストバージニア州グリーンバンクで国立電波天文台のミーティングがあり、その合間にシェップは所長のトニー・ビーズリーに会い、ALMAの要求は理不尽だと訴えた。しかし、逆にたしなめられた。「君はその頑迷な態度で相手を怒らせている。いいかね、これは一種の椅子取りゲームなんだ。君がそんな態度を取っているかぎり、ALMAの諸君は君が近づくのも許さないだろう」。それは宣告に等しかった。現実を直視しろ、ALMAの規則を受け入れろ。それで2017年にALMAを使えることになったら、幸運だと思え。

最悪だ。シェップは思った。こんなサディスティックなゲームがあるか。自分がようやく障害を乗り越えるたびに、もう1回やり直せと言われる。しかも、今度は巨大なサメが待ちかまえているんだと！

君の望みは何なんだ？　マイク・ヘクトは繰り返しシェップに聞いた。この仕事に何年もかけてきた人間たちの貢献を、きちんとリスペクトしてもらいたい。シェップはそう答えた。ハイノ・ファルケは金の力でＥＨＴプロジェクトに割り込んできて、ブラックホールの影《シャドウ》探しの歴史を書き替え、これを推進したのも「影《シャドウ》」を見たのも自分だと言うつもりだ。シェップにはそうとしか思えなかった。

自分の本音をぶつけるだけでは相手を説得できない。それくらいはシェップも承知していた。彼の本音はただ一つ、これは不公平だという確信だった。自分が一生懸命に建てたものを、できた途端に他人に明け渡せと言われたら、それは不公平じゃないか。自分の学者人生を賭け、たった一つの実験のために何百万ドルも資金を調達してきたのに、それを他人に、ハイノに、ＡＬＭＡに、誰であれ地球規模の仮想望遠鏡で何かを見たいという観測隊に譲れというのか？

待てよ、本当にＡＬＭＡは必要なのか？　そういう疑問が湧くのは当然だった。ジョナサン・ワイントラウブも以前に、しびれを切らしてＡＬＭＡ抜きで行こうと提案したことがある。マイケル・ジョンソンとアンドリュー・チェルはコンピュータによるシミュレーションで、今の体制でもブラックホールの写真を撮れるか探っていた。答えは「かもしれない」だった。ＡＬＭＡのすぐ近くにあるＡＰＥＸ（アタカマ・パスファインダー実験所）を使えれば、ともかくチリ北部への基線は確保でき、ほぼ同サイズの仮想望遠鏡を構成できる。もちろん地上最強のＡＬＭＡに比べたら性能は劣るから、解像度では負けるだろう。しかしそこを技術力（データレコーダーの速さやハードディスクの容量など）で補えば、（シェップの言い方を借りれば）「そいつをワイドバンド」できるかもしれなかった。ALMAなしでいて座A*を撮れたら、それこそ目からウロコの大勝利だろう。

しかしそんなリベンジの夢を語るとき、シェップの目はいつもうつろだった。

＊　＊　＊

2012年にシェップはグッゲンハイム財団の助成金を勝ち取り、それを元手に家族を連れてチリに引っ越し、1年間滞在する予定を立てていた。首都サンチアゴに家を借り、子どもは現地の学校に通わせる。自分はALMAの本部に机を置いて、平日はそこへ通って現地の研究者と交流し、人脈を築く。そんな計画だったが、実現しなかった。妻には妻の仕事があり、子どもたちもまだ小学生だったから、1年間の外国暮らしは難しい。自分もEHT全体の指揮を取らねばならないから、チリに腰を落ち着けてはいられない。だから助成金はもらわずにいたのだが、2015年の時点でも受給の権利は生きていた。それで電話を入れ、チリに1年の代わりにハワイで6週間を家族と一緒に過ごしたいと申し出ると、寛容なるグッゲンハイム財団はあっさり許可してくれた。一家はハワイ島のヒロ郊外に家を借り、シェップはハワイ大学の研究施設にあるSMAの本部に毎日通うことにした（観測所はマウナケアの山頂だが、本部は海沿いにあった）。

もちろん仕事はした。ヒロには旧知のジェフ・バウアーがいて、JCMT（ジェームズ・クラーク・マックスウェル望遠鏡）を管理する台湾の中央研究院天文及天文物理研究所（ＡＳＩＡＡ）で働いていた。２人はマウナケアのＳＭＡをベースに、チリのＡＬＭＡとＡＰＥＸを結んで波長０・８７ミリ㍍での高解像度観測に挑戦した。結果は失敗だったが、原因はよくあるソフトウェアの不具合だった。

そしてよく遊んだ。家族みんなで自転車を借り、ハワイ島の西海岸を７日かけて旅した。にぎやかなコナの街から北へ進み、かつてシェップが通い詰めたマウナケアの山麓をぐるりと回った。

ＥＨＴの組織体制をめぐる憂うつな議論も、太平洋の真ん中までは追いかけてこない。アジアとヨーロッパ、そしてアメリカ東海岸を結んだビデオ会議なら、誰かが朝６時に起き出し、誰かが夜11時まで待機していれば開ける。しかし日付変更線の真下にあるハワイでは、朝の３時に起きないかぎりグローバルな遠隔会議には加われない。

６週間の滞在が終わりに近づいたころ、シェップはホノルルへ飛んで世界天文学連合の総会に出席した。トニー・ビーズリーや独マックス・プランク研究所のアントン・ツェンススも出席するから、よりを戻しておきたかった。メイン・イベントは「電波天文学の黄金時代を祝して」と題するセッションで、１９６０年代の業績を回顧するものだった。しかしシェップはこのタイトルが気に入らなかった。まるで「君たちは生まれるのが遅すぎた、黄金時代を語れるのは我ら老人だけだ」と言っているように聞こえたからだ。今まさにシェップたちが電波天文学に革命を起こそうとしていたのに。

何が効いたのかはシェップにもわからない。休暇か距離か、太陽か静けさか。いずれにせよ何かが効いた。ハワイからアメリカ本土へ戻ったシェップは明らかに変わっていた。傲慢さが消え、交渉に応じる用意ができていた。

9月にはALMAから1通の手紙が届いた。サイクル4（2016年後半から翌年の春までのオフィシャルな観測枠）でサブミリ波VLBIの観測を行いたいのであれば、11月のALMA理事会までに申請してくださいと記されていた。2017年春に待望のフルサイズEHT観測をやるためには、もはやサイクル4に乗るしかない。

所長の裁量枠だの特別扱いだのに賭ける夢は、とっくに捨てていた。他の観測隊と対等な立場で列に並ばねばならない現実も受け入れていた。彼らが抵抗していたのは、自分たちがALMAに加えたEHTのシステムも「オープン・アクセス」にしろというALMA側の要求だけだ。しかし締め切りが切られた。11月が来るまでに、シェップのチームとハイノ・ファルケのチームの合流話に決着をつけなければならない。そしてALMA側の要求を受け入れ、両者で一本化した観測提案をALMA理事会に提出しなければならない。できなければ、いて座A*の撮影は2018年の春まで待つしかない。

シェップにはまだ不安があった。EHT「連携」の新規約を受け入れれば自分は理事会に従属する立場になり、いつ主導権を奪われるかわからない。ALMAの件も、むこうの要求をのめば、いつ誰に必要な時期の観測枠を奪われるかわからない。

しかし想定できるかぎりの最悪のシナリオは、すでに検討し終えていた。だから、こうも考え始めていた。「あの人たちが自分に冷たいのは、自分をやっつけたいからではないのかもしれない。むしろ、自分が恐れているシナリオはあり得ないほど荒唐無稽で、そんなことにこだわって大事な観測を遅らせるのは間違いだと言いたいのかもしれない。まあ誰だって、早くブラックホールを見たい気持ちは変わらないのだから……」

それでも人が最後までこだわるのは自分の名前だ。自分の名前が「史上初のブラックホールの写真」に刻まれて永遠に残ること。1つのボタンを押し、1つのレバーを上げればそれが保証されるわけではない。だからこそ、この組織作りにあたっては自分に有利なボタンやレバーを1つでも多く入れようとする。それに、ヨーロッパとアメリカの文化の違いも気がかりだった。ALMAのピエールとBlackHoleCamのハイノは同じヨーロッパ勢。アメリカ人のシェップとしては、邪推したくもなる。

だからリスクはある。でも、こんな話にいつまでも時間を奪われるのはご免だ。シェップはそう考えるようになっていた。今やEHTのチームには若い研究者や大学院生、ポスドク研究員があふれていた。彼らはみんな、ここにいられる間にブラックホールを見たいと願っていた。見られれば立派な論文を書け、学者としての未来が開ける。でもシェップが意地を張り続ければ本番の観測は2年も3年も先になり、その前に彼らはむなしくEHTを去らねばならないのだった。

ＡＬＭＡなしでもブラックホールは見えると、まだ強硬に主張する人もいた。しかしハワイで6週間を過ごしたシェップは一皮むけていた。まあ「そいつをワイドバンド」すれば大ニュースになるだろうが、マスコミに話題を提供することが自分たちの目的じゃない。そう思うようになっていた。

第四部

地上最大の仮想望遠鏡

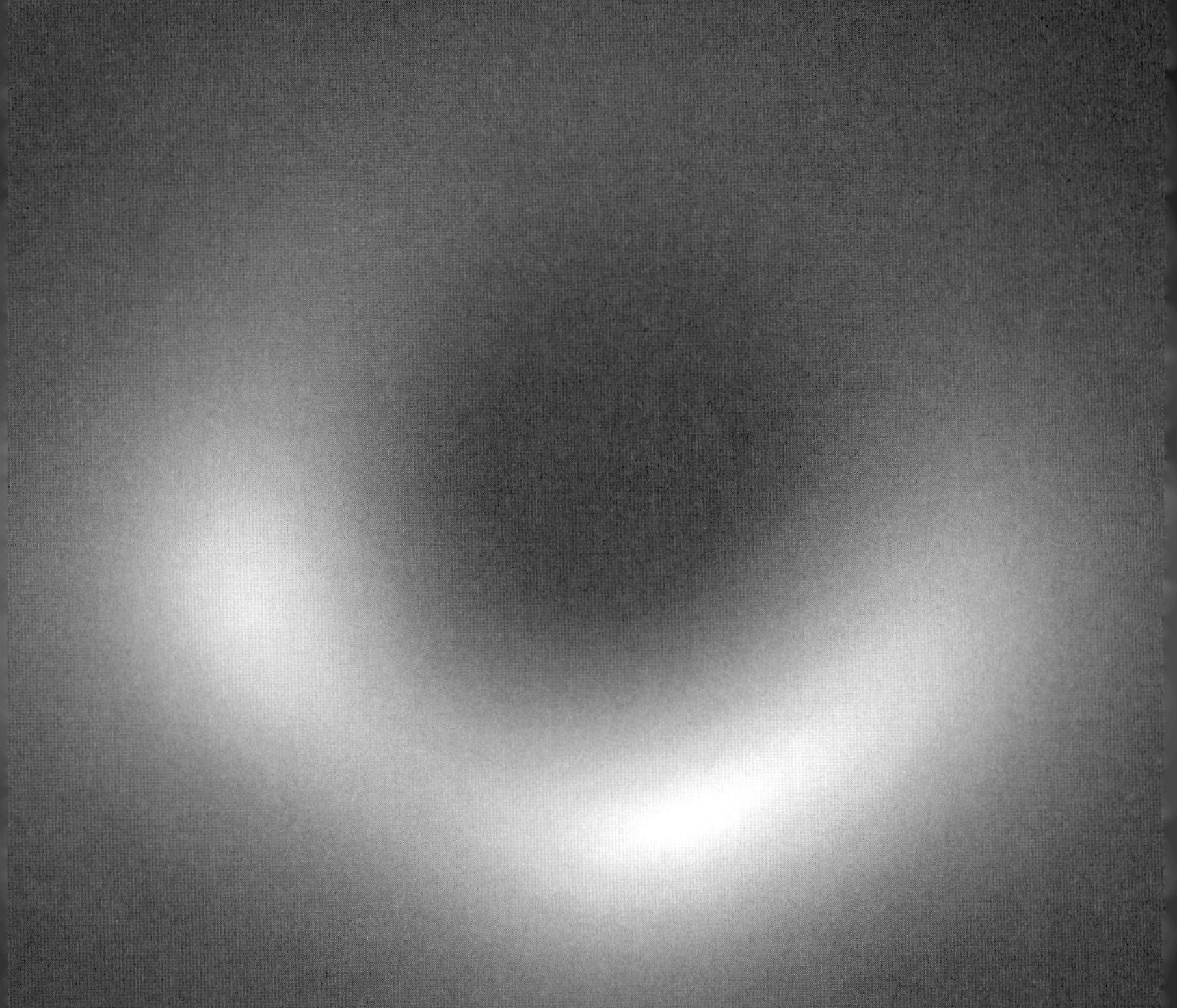

22

2016年1月

年明け早々、レモ・ティラヌスはEHT（事象の地平望遠鏡）連携のメンバーに1通の電子メールを送った。本番の観測まで14か月しかないが、作業は予定どおりに進んでいない、これ以上の遅延は許されない。そんな内容だった。昨秋段階でEHT連携の規約についてはようやく合意ができ、ALMA（アタカマ大型ミリ波サブミリ波望遠鏡群）もサイクル4でのVLBI（超長基線干渉計）観測を正式に承認した。よほどの非常事態が起きないかぎり、これで2017年春のEHT観測にALMAを加えることができる。しかし政治的な駆け引きに無駄な時間を費やしたせいで、科学的な準備が遅れていた。14か月はあっと言う間だ。やるべき仕事は山ほどあり、ALMAを使わせてもらうための詳細な提案書もまだ出していなかった。

昨春はCARMA（ミリ波天文学研究望遠鏡群）の運用停止が迫るなかで、ともかくもVLBI

観測に必要な新兵器を各観測拠点に設置でき、なにかとトラブルはあったものの、どうにかデータの処理も終わり、基本的にはすべての機器が想定どおりに使えることがわかった。しかし来年もうまくいく保証はない。どこの観測所も年内にさまざまな改良工事を予定していたから、こちらもバージョンアップの必要があるかもしれない。だから今春の定例観測に加えて、本番までに何度かテストをしたい。少なくとも秋に1回、そして本番直前に1回。

この時点で、レモはまだボランティアのプロジェクト・マネジャーだった。まとめ役としての責任はあるが、正式な権限はないつらい立場。残り14か月という時点で、彼が最優先にしていたのは観測拠点の核を固めることだ。まず、絶対に使えるのはどこか。アリゾナのSMT（サブミリ波望遠鏡）。これは確定だ。次はハワイとメキシコを確実に押さえる。その上でALMAと結んだテストを繰り返し、ALMAがVLBIの観測局として使えることを実証する。それができて自信がついたら、新しい観測局を加える。候補はチリのAPEX（アタカマ・パスファインダー実験所）とスペインのピコベレタにあるIRAM30m。そして南極点のSPT（南極点望遠鏡）。こちらは年末にダン・マローンのチームが現地へ飛び、必要な機器を設置することになっていた。いずれにせよ、すべての作業（設置、テスト、問題点の発見と解決）は順番どおり、予定どおりに行わねばならない。そして常にプロの天文学者らしく振る舞うこと（受け入れ側の業務に支障をきたすような行為は論外だ）。なにしろALMAの目が光っている。

＊　＊　＊

シェップはケンブリッジのコンコード街にあるCfA（ハーバード・スミソニアン天体物理学センター）の研究室にいた。以前は殺風景な部屋だったが、今はそれなりに飾り物もある。デスク脇の壁には、黄色い花を描いた表現主義っぽい絵の複製がかけてある。彼自身が地元のアーチストから80ドル（約8800円）で買ったものだ。入り口ドアの外側に貼ってあるのは、嘘とパロディで固めたタブロイド紙「ウィークリー・ワールドニュース」のある日の紙面。載っているのは「地球の公転速度が少し上がって時速6666マイルになった。これは悪魔《サタン》の暗号だ！」という記事で、シェップのお気に入りは記事に添えられた悪魔のイラスト。キャプションには「地獄の炎に焼かれる悪魔の想像図」とあった。実を言うと、シェップの生物学上の父アレンは記者時代に、この新聞を評して、こう書いていた。この新聞が有能なライターを雇い、高給を払っているのはなぜか。ひとたび低俗タブロイド紙の領域に落ち込んだら、二度とまともなジャーナリズムの世界に戻れないからだ。もちろん、この論評自体がパロディである。

目新しいところでは、ジョン・テンプルトンの『いまだ知られざる神』と題する著書があった。テンプルトンは往年の大投資家で、現代のウォーレン・バフェット（「株は安く買って長く保有する」を信条とし、アメリカで最も尊敬されている投資家）に匹敵する人物。第二次世界大戦後から１９９０年代にかけて活躍し、巨万の富を築き、引退する前にジョン・テンプルトン財団を設立した。「大きな謎に挑む研究への支援を通じて人類の幸福に寄与」し、その過程で宗教と科学の和解を進めることを目的とする財団だ。現役時代は血も涙もない資本主義の権化で、１９６０年代にはアメリカ国籍を捨ててバハマに移住した。もちろん税金逃れが目的だったが、節税で浮いた金はすべて慈善事業に投じると開きなおった。敬虔なプロテスタントだが、聖書の言葉を文字どおりに信じるタイプではなく、人の心と世界の深遠な謎に迫る科学者への支援も惜しまなかった。人類はまだ宇宙の真実の姿を知らないと考え、科学も宗教もその真実に迫る役に立つと信じていた。だから財団を設立し、「時空の本質は何か、私たちが生きているのは多次元宇宙か、生命はいかにして始まったか」などの難問に挑む科学者を支援することにした。

そんなテンプルトンの本が、なぜシェップの本棚にあるのか。その財団に資金援助を要請していたからだ。目的は、ハーバード大学に「ブラックホール・イニシアチブ」を設立すること。天文学者や物理学者だけでなく、数学者や哲学者も加えた学際的な組織で、当初はＮＳＦ（全米科学財団）の資金を当てにしていた。すでにエイビ・ロウブやラメシュ・ナラヤンと語らい、何人かの著名人の賛同も得ていた。理論物理学者のアンディ・ストロミンガー、数学者で弦理論の基礎をなす発見をしていたシントゥン・ヨー、哲学・科学史家のピーター・ギャリソンらだ。そして申請期限の切れる前夜、シェップとマイケル・ジョンソンはＣｆＡに泊まり込んで書類を完成させ、翌日午後１時にファイルを添付してメールで送った。徹夜明けのシェップは駐車場まで歩いて車に乗り込み、家に帰るつもりでハンドルを握ったが、数分後には信号待ちの間に眠ってしまった。気がつくとバックミラーに警察車両のライトが当たっていた。まわりの車は猛スピードで走り抜けていく。警官が歩み寄ってきて、尋ねた。「電話かなにか、してたのかね？」

「いえ、その、眠ってました」

警官は目を吊り上げた。「そんなに疲れているのに車を運転してたのか？」

免許証はダッシュボードの小物入れにあるはずだが、ごちゃごちゃなので見つからない。警官がのぞき込み、見つけて、調べた。有効期限は3年前に切れていた。これで無免許運転の罪が加わる。以後、シェップはCfAへ自転車で通うようになった（ヘイスタック観測所との兼任はもうすぐ終わるはずだった）。

シェップはいつも、自分は「基本的に」無神論者だと言っていた。それでも金曜日の晩には家族と一緒にシナゴーグ（ユダヤ教の礼拝所）に行き、ろうそくを灯していた。まあ形だけのユダヤ教徒だが、個人的にはそんな儀礼や伝統を愛していた。宗教は嫌いだったが、スピリチュアルな物事には一定の畏敬の念を抱いていた。1年半前に家族を連れてイスラエルを旅したときも、エルサレムの聖墳墓教会では感動した。十字架に架けられたイエス・キリストが葬られたと伝えられる場所だ。イエスの墓に近づくときの巡礼者たちの顔を見て、シェップは心を打たれた。ある年老いたラビ（ユダヤ教の聖職者）と、神と宇宙をめぐる話もした。そして天文学も宗教も、それぞれの方法で「過去」を見ようとしているのだと確信した。天体望遠鏡は、何億年も前に物質が経験した変化を伝えるメッセージを読み取る装置。そして宗教の儀式は、遠い昔の祖先がやっていたであろう行為を（意図的かつ自覚的に）繰り返すことによって、そうした人々とつながり、理解し合うための手段だった。

そんな思いがあるから、テンプルトン財団の資金をもらうことに抵抗はなかった。現実的な問題もあった。このころのシェップは、機会あるたびに訴えていた。ＥＨＴは史上初のブラックホールの写真を撮って終わるプロジェクトではない、ずっと先まで続かせなければならないと。来春の観測でいて座A*の写真が撮れれば、それは世紀の快挙だが、２０１８年には観測精度が上がって、もっといい写真が撮れるかもしれない。その先には北極圏のグリーンランドや南半球のアフリカにも新しい望遠鏡ができ、いずれは毎秒２５６ギガビットの超高速観測もできるだろう（アメリカの平均的なブロードバンド回線の１０００倍の速さだ）。そうなれば望遠鏡のサイズや設置場所の標高にこだわる必要はなくなり、望遠鏡の視力が足りなくても情報処理の能力で補えるようになるだろう。その日までＥＨＴの観測を継続させたい。しかし、それでもいつか終わりは来る。シェップも気づいていた。このプロジェクトも、いずれは寿命が尽きる。その先の人生を、自分もそろそろ考えるべきだな。

23

２０１６年4月、シェップは大学院を出てからずっと続けてきた習慣を破った。この時期にしか顔を出さないいて座A*の影を追う観測隊に参加しなかった。当初はメキシコへ飛んでＬＭＴ（大型ミリ波望遠鏡）に詰める予定だったが、妻エリーサが仕事で急きょ首都ワシントンへ飛ぶことになったので中止した。どうせ今回は２０１７年の本番に向けたテストだし、ＬＭＴにはゴパルやリンディ、ジェイソン・スーフーが行く。彼らになら安心してまかせられる。それに、ケンブリッジでやるべき仕事もたくさんあった。

昨秋にはＡＬＭＡ（アタカマ大型ミリ波サブミリ波望遠鏡群）の申請締め切りがあったので、内輪もめをしている余裕はなかった。しかしＥＨＴ（事象の地平望遠鏡）「連携」に関する最終合意ができたわけではない。シェップが抱く不信感の根は深く、些細なことでも気にかかり、疑心暗鬼になってしまう。理論だけの人間が理事会に名を連ねていいのか。既存の望遠鏡をＶＬＢＩ（超長基線干渉計）観測網に組み込むために汗を流した人間と対等な資格が認められるのか。参加する観測所は何を約束してくれるのか。ＥＨＴの観測時間を絶対に確保してくれるのか。考えられる限りのシナリオを検証し、すべての不測の事態に備えなければ、シェップは気が済まない。ＥＨＴは誰にも渡さない、自分のものだ。そこに一点の疑問でも残る規約は受け入れられない。そう思っていた。

このころには組織論に関する本も読んでいた。自分たちに欠けているのは信頼関係だと気づいてもいた。全員が結束しなければ成功しないプロジェクトであることは、誰もが認めていた。国籍も学界の体質も異なり、それぞれの所属する機関から異なる期待や責任を背負わされた数十人の天文学者が足並みをそろえなければ、銀河の中心に位置する巨大ブラックホールを見ることはできない。それは明白なのに、まとまらない。みんな、それぞれに学者人生を賭けていたからだ。困り果てたシェップはプロの仲裁人に相談したこともある。誰かに裁定を下してもらう必要があると思ったからだ。それがベターだったかもしれない。もともと天文学者は慎重すぎて決断が遅い。シェップもよく言っていた。国際会議とかで天文学者を見分けるのは簡単だ、その日の会議が終わって夕食の時間になっても、彼らは会場の外でうろうろしている。どこで食事するかを決められないからだ。そんな人種に面倒な交渉ごとをまかせるのは、ガソリンスタンドに火を投げ込むのと同じくらい危険だ。

ＡＬＭＡとの関係もくすぶっていた。シェップはまだ、ＡＬＭＡのオープン・アクセス原則を受け入れたら誰に観測枠を奪われるかわからないと危惧していた。いくらねじ込んでも、返ってくる答えは同じだった。誰かがいて座A*の観測プロポーザルを提出し、それがＥＨＴの提案よりも高い評価を得れば、残念ながらＥＨＴにはお引き取り願う。最高のプロポーザルを書かないかぎり、シェップは自分たちで築いた地上最大のＶＬＢＩ観測網を使えないのだった。ただし、その最先端の観測網が世界各地に散らばる既存の巨大望遠鏡に依存しており、そうした望遠鏡の建設に莫大な資金を投じたのが（シェップたちではなく）他国の政府や研究機関であることも事実だった。

こんな問題がすべて、この4月に決着を迎えようとしていた。すったもんだのあげくにEHT連携の規約はまとまり、賛否の投票が始まっていた。投票期限は4月1日に切られていた。ALMAに提出する「最高のプロポーザル」の期限は4月の後半。そして4月18日にはもう一つの大イベントがあった。ハーバード大学で開くブラックホール・イニシアチブの設立式典に、あのスティーブン・ホーキングがやって来るのだ。

＊　＊　＊

その日の午後はよく晴れていた。ハーバード記念会堂の高さ20メートル近い屋根の下には何百人もの学生や教職員、一般市民が列をなしていた。スティーブン・ホーキングは「量子論的ブラックホール」と題する記念講演をする予定だった。

シェップは会堂の北側通路に立ち、招待客を出迎えていた。着ていたのは茶色っぽいブレザーにチノパン、アメリカの天文学者にしては立派な正装だ。しかるべき人たちとの握手をすべて終えるまで、妻エリーサも笑顔を絶やさなかった。会場の熱気は伝わってきたし、彼女自身にも朗報が届いていた。准教授への昇進である。

講演の始まる30分前に、みんな1000席のサンダース・シアターに誘導された。「すごいな、サーカスみたいだ」。シェップはトニー・ビーズリーにささやいた。ホーキングが車椅子でステージに上がると、会場は静まりかえった。聞こえるのは、偉大な知性の命を支える医療機器の立てるリズミカルな音だけ。

やがて、聞き覚えのあるコンピュータ合成の音声が語り始めた。「みなさん、聞き取れますか？ブラックホール・イニシアチブの設立に立ち会えて光栄です」

厳密に言えば、ブラックホール・イニシアチブはまだ設立されていなかった。テンプルトン財団はまだ資金提供を正式に決めていなかった。それでも設立イベントを急いだのは、ホーキングの訪米日程に合わせる必要があったからだ。ロシア人のＩＴ投資家ユーリ・ミルナーの立ち上げたプロジェクト「ブレークスルー・スターショット」（超小型の探査機を打ち上げてレーザー光線で加速し、約4光年先のケンタウルス座アルファ星を観測する壮大な計画）の発表イベントに、ホーキングは招かれていた。病身のホーキングが大西洋を越えるには病院なみの医療機器を備えた特別機が必要だが、ブラックホール・イニシアチブにそんな余裕はない。だから世話役のエイビ・ロウブはこの機会を逃さず、さっさと日程を決めてテンプルトン財団に伝え、資金援助の決定を急いでくださいと、やんわりプレッシャーをかけていた。この日、ホーキングがハーバード大学に来れたのはロシアの大富豪のおかげだった。

それはともかく、ホーキングは１０００人の聴衆を前に、もう何十年も考え続けてきた疑問について語ろうとしていた。ブラックホールと熱力学、そして情報理論の深くて長い関係について、とりわけ「科学的決定論の核心に関わる」ブラックホールの情報パラドックスについてだ。１９７０

年代に自ら提起した疑問だが「ついに、その答えと思えるものを見つけた」とホーキングは言った。

2人の理論物理学者との共同研究を通じて、彼はスーパートランスレーションと呼ばれるメカニズムを理解し始めていた。ブラックホールに呑み込まれる寸前の情報を事象の地平に書き込むメカニズムだ。「この空間をよく観察してください」。そう語るホーキングはすでに確信していた。ブラックホールは「かつて考えられていたような永遠の監獄」ではない、だから「そこへ落ちても絶望しないでください、逃げ出す道はあります」。

スピーチが終わり、一般客がぞろぞろと退出するなか、特別席にいた人たちはステージのまわりに集まった。シェップとエイビ・ロウブ、ラメシュ・ナラヤン、アンディ・ストロミンガー、ピーター・ギャリソン、シントゥン・ヨーはブラックホール・イニシアチブの中心メンバーとして壇上に上がり、「名誉会員」のホーキングを囲んで記念写真に収まった。それからみんな外へ出て、キャンパスを横切り、ハーバード美術館まで歩いた。今宵は貸切で、設立祝いのディナーパーティが開かれることになっていた。

会場は美術館の内庭。この建物はイタリアの巨匠レンツォ・ピアノの設計で、内庭はガラスの天井に守られていた。そこに円卓が並んでいた。誰が決めたのか、シェップとエリーサの席はジョナサン・ワイントラウブと妻ロビーの隣。一足先に着いたジョナサンが「なんでシェップの隣なんだ」とつぶやく。そこへシェップも到着し、ジョナサンの着ていたハワイアンなボタンダウンのシャツを見て言った。「粋なスタイルだな、ジョノ。ちょうど胸骨《スターナム》の星《スター》のとこまでボタンをはずしてるなんて」

＊　＊　＊

設立祝いに間に合わなかったテンプルトン財団の助成金は、3年で720万4252ドル（約8億円）とされていた。これを足場に活動を始め、そのうちどこかの裕福な支援者が見つかればブラックホール・イニシアチブの未来は約束される。それだけではない。このイニシアチブのおかげで、シェップの社会的ステータスは格段に上がる。もうただの観測屋でもシステムの開発者でもない。大学当局はすでに、敷地内にある5000平方フィート（約450平方メートル）の建物を改装してブラックホール・イニシアチブの本部とすることに同意していた。シェップはそこで、自然界の究極の法則に挑む学界のビッグネームたちと、机を並べることになるのだった。

ハーバード記念会堂でのスピーチで、ホーキングはブラックホールの情報パラドックスの謎が解けたと語った。この発見に力を貸したのがケンブリッジ大学のマルコム・ペリーと、新たにシェップの同僚となるアンディ・ストロミンガーだ。ストロミンガーは数理物理学の分野で多大な功績を残してきた研究者で、1990年代には六次元の数学的構造体を見つけ、これによって弦理論が実際に三次元の空間（つまり私たちの目に見える世界）を記述できることを裏づけた（この六次元構造体は「キャラビ＝ヨー空間」と命名されたが、その「ヨー」は欧州のハイノ・ファルケのグループに参加したシントゥン・ヨーに由来する）。この発見によって、行き詰まっていた弦理論は息を吹き返し、宇宙の統一的理解を目指す理論物理学の期待の星となった。その後の20年間、ストロミンガーは弦理論とその後継者であるM理論の研究に没頭した（M理論の「M」は細胞膜を意味するメンブレーンの頭文字とも、謎を意味するミステリーの頭文字ともされるが、定説はない）。そして1996年にはカムラン・ヴァッファとの共同論文で、弦理論によってブラックホールの熱力学のミクロな構造を説明できると発表した。どうやらブラックホールの温度は、宇宙を構成する「弦」が小刻みに振動しながら不可視の折りたたまれた高次元へと逃げていくことで説明できるらしい。

　この時点でのストロミンガーは、すでにハーバード大学の物理学者の間でも長老格で人気者だった。大きな黒縁メガネをかけ、定番のスタイルは黒のTシャツとジーンズ。ゆっくり言葉を選んでしゃべる姿は、まるで数学と幾何学の言語を頭の中で凡人の言葉に翻訳しているようだった。ふだんはジェファーソン研究所の最上階にある天井の高い立派なオフィスに陣取り、自然界の最も基本的な法則を探る8人の教授と約40人のポスドク研究員や院生を指揮していた。

　ストロミンガー＝ホーキング＝ペリーの論文は、ブラックホールの「無毛定理《ノーヘア》」に異を唱えるものだった。ブラックホールはその質量と角運動量と電荷のみによって定義されるから見た目で区別はつかず、ノーヘア（髪の毛が1本も生えていない）頭みたいだというのが、よく知られた無毛定理。しかしストロミンガーらは、この定理には欠陥があると論じた。本当はブラックホールにも「ソフトなヘア」があり、ホーキングの言う「スーパートランスレーション」のメカニズムを通じて、そこへ落ちた哀れな物質たちの情報をきちんと記録しているはずだと。

この「ソフトなヘア」の話に、シェップはあまり関心がなかった。しかし、ストロミンガーの別な主張には大いに心を動かされていた。ブラックホールの端から飛んでくる電波には世にも不思議な現象の証拠が含まれていると、ストロミンガーは考えていた。とくに関心を寄せていたのはコンフォーマル・シンメトリー（共形対称性）と呼ばれる数学的なプロパティ。それはフェーズ・トランシジョン（相転移）の近くで水や磁石を含むすべてのシステムに表れる現象だ。そして光速に近い猛烈な速度で回転するブラックホールの場合は、時空そのものに相転移にきわめて似た変化が起きるはずだった。

２０００年代の前半、ストロミンガーはこの「共形対称性」を手がかりに量子重力の解明に取り組んだ。私たちの目に見える水という物体の特性（温度や粘性など）がしょせんは無数の原子の運動の総体であるのと同様、私たちの見ている時空も実は無数の原子の運動から成っている。そうであれば、では原子とは何かという大きな謎に立ち戻らねばならない。答えはまだ出ていないが、それを知ろうとし、時空そのものが極端な状況（すべてが同じ数学的原理で支配されているような状況）では水や磁石とまったく同じように振るまうことを発見できれば、少なくともその答えに一歩近づいたことになる。

この探究は2つの方向で進めることができる。１つは、量子重力の理論をきわめること。もう１つは、こうした極限的状況で時空が周辺の物質に及ぼす影響を観測で確かめること。そうした影響の痕跡は宇宙からの電波に残されているはずで、そうであれば地上最大の望遠鏡ＥＨＴで確認できるかもしれない。

ブラックホールの回転速度は、その事象の地平のごく近くから発せられるX線の観測から計算できる。ブラックホールが光速に近いスピードで回転している場合、その事象の地平の端から発せられる光の波長は引き延ばされる。可視光線では波長が長いと赤くなるので、波長が長くなるのは「赤方偏移」と呼ばれる。そして赤方偏移の程度は、観測結果から厳密に計算できる。そしてこの10年ほどのX線観測により、ほとんどのブラックホールが光速に近いスピードで回転していることが知られていた。GRS1915+105のブラックホールは光速の98%、MC6-30-15は光速の99%に近い。いて座A*と並んでEHTプロジェクトの観測対象となっているM87も、それほどではないが、それに近いスピードで回転しているはずだ。こうしたブラックホールでは、その回転速度とジェット（ブラックホールの周辺から発せられる猛烈なエネルギーの放出）に一定の関係があり、回転が速ければ速いほどジェットは強い。難しい理屈はともかく、ストロミンガーらはこのジェットに宇宙の謎を解くカギがあると考えていた。

ストロミンガーの研究室にある大きな黒板には、具体的かつ証明可能だが未解決の問題がずらりと書き並べてあった。証明可能と言っても、たやすくはない。有能な学生なら数か月で解ける問題もあり、何年もかかりそうな問題もあった。博士課程に在籍するアレックス・ルプサスカはアリゾナ大学の物理学者サム・グレラと組んで、光速に近いスピードで回転するブラックホールをEHTで観測した場合にどう見えるかを計算するタスクに取り組んだ。その結果は、EHTチームの理論

天空の共形対称性

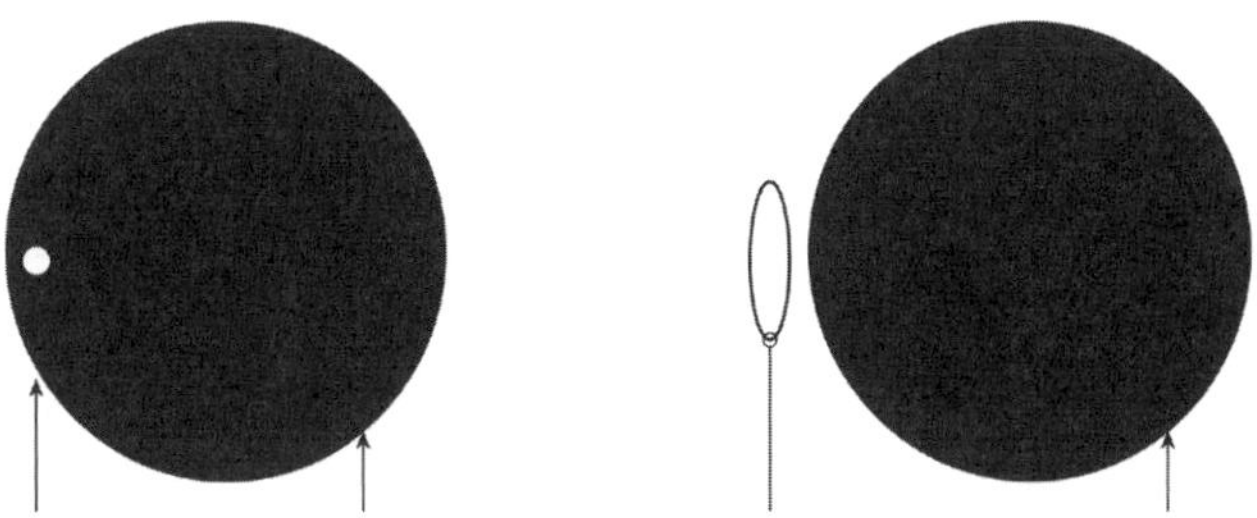

ブラックホールの前を横切る星（白い点）は「喉」の内側に見える
星の見え方
重力の影響がないと仮定した場合
重力の影響を考慮した場合

物理学者による従来のシミュレーションとまったく異なるものだった。

ルプサスカはまず、光速に近いスピードで回転するブラックホールを観察している人がいるとして、その観察者の目に、そのブラックホールを周回する明るい物体（星など）がどう見えるかを考えた。そして比較のために、一般相対性理論から導かれる時空のゆがみがない（重力の影響がまったくない）場合のモデルをつくってみた。時空のゆがみがなければ、観察者の目に見えるのは私たちが直感的に（惑星を周回する月、太陽を周回する惑星などをイメージして）予想できるものと同じだ。黒い円（ブラックホールの影）の赤道上を、明るい点が左から右へ横切っていく。そんなイメージだ。では、これに一般相対性理論の効果（重力の影響）を加味して計算するとどうなるか。すべてが横に、ずれてしまう。黒い影の上をゆっくり横切るどころか、その星は黒い影の脇に押し出され、縦に伸びて見える。

なぜそんなことになるのか。ブラックホールを周回する星は、けっして平坦な空間の中で静止した黒い影を横切るわけではないからだ。星はブラックホールの喉のまわりを周回している。そこにあるすべての天体はブラックホールの喉を中心にして同じ方向に、同じ速度で周回している。そして周期的に、その星はブラックホールの喉から飛び出たように見える。

もしもＥＨＴでこの奇怪な現象が見えたなら、それは超高速で回転するブラックホールの事象の地平の近くで共形対称性が成立していることの証となるかもしれない。そしてそうであれば、そこに「ホログラフィック・プレート」(二次元の共形場理論で記述される二次元領域）があると考えられる。１９９０年代から理論物理学者たちが、ブラックホールに呑み込まれた物質に関する情報が残されていると考えてきた領域だ。

24

今のシェップには席が3つあった。さすがに多すぎるので、２０１６年夏にＭＩＴ（マサチューセッツ工科大学）のヘイスタック観測所を辞め、ハーバードのＣｆＡ（ハーバード・スミソニアン天体物理学センター）に完全移籍することにした。

ＭＩＴの規則では、勤続25年を超えると退職時に記念の椅子をもらえることになっていた。シェップはヘイスタックに24年間いた。うち21年は正規のフルタイム研究員だ。ちょっと足りないけれど、固いことは言うまい。大学側は彼に椅子を贈ることにした。

さよならパーティーは観測所の大会議室で開かれた。かつて彼が、仕事のプレッシャーで頭が石になりそうだとぼやいた場所だ。ケーキがあり、コーヒーがあり、プレゼントも用意された。かつての師や長年の同僚、時には対立もした人たちを代表して、アラン・ロジャースとマイク・タイタス、コリン・ロンズデールが祝辞を述べ、シェップも礼儀正しく感謝の言葉を返した。

新しい旅立ち。気分は晴れやかだったが、不安もあった。科学者は温室育ちの植物みたいなものだと、シェップは以前から思っていた。大学院時代にヘイスタックを訪れて、ああここなら水が合うなと思い、初めて自分の居場所を見つけた気がした。そこを離れ、別な温室に移されても自分は生きていけるだろうか。週の半分とは言え、ＣｆＡに通うようになってからすでに3年半が経っていた。それでも彼には妙なひがみ根性があった。どうせみんな、自分を「たまたまヘイスタックにいたから結果を出せただけの男」と見ているのではないか。そんな気がした。見返してやりたいが、それには新しい生態系に慣れる必要があった。

2016年11月
マサチューセッツ州ケンブリッジ

シェップの恐れていた最悪のシナリオは回避された。7月にはウィーンで開かれたALMA（アタカマ大型ミリ波サブミリ波望遠鏡群）の理事会でEHT（事象の地平望遠鏡）の観測提案が承認され、2017年春にALMAを使えることが正式に決まった。一部の要求が通らなかったことにシェップは腹を立てたが、ともかくALMAを加えたフルサイズの観測網でいて座A*をのぞけることになった。かつてシェップが必死で抵抗したオープン・アクセス原則も、現実の障害にはならなかった。

それでもシェップを悩ます面倒な問題は次々に出てくる。だから、たまには切れることもあった。しかし2年前のウォータールー会議を知る人たちは例外なく、EHTチームの空気が変わったことに気づいていた。ヨーロッパ勢との連携は本物になり、過去のわだかまりを引きずってはいなかった。それに、あのときロビーのバーにたむろしていた若い学生やポスドク研究員たちはハイノとシェップの舞台裏の確執など知らず、純粋に自分たちの壮大なプロジェクトに熱くなっていた。

あれは会議最終日の前夜だった。ケイティ・バウマンとアンドリュー・チェルはワークショップを開き、集まった研究者たちに最先端の画像合成ソフトCHIRPを披露していた。ホテルのロビーにある食堂を借りてテーブルを真ん中に集め、みんなで囲める広い作業スペースを用意した。参加者は20人ほどで、多くはヨーロッパから来た若い研究者だった。シェップも席に着き、自分のパソコンを見つめていた。ちょうどカクテルの時間帯で、ロビーはにぎやかだった。

自分たちの開発したCHIRPと既存の画像合成ソフトを比較するため、ケイティとアンドリューはEHTの集めたデータの一部をオンラインで公開し、参加者の誰もがダウンロードできるようにしていた。そのデータの解析にCHIRPを使うか、手持ちのソフトを使うかは参加者の自由。あとは結果を比較して議論をする。ケイティとアンドリューは会場を飛びまわってみんなの手助けをし、質問に答え、議論に加わった。みんな活発で、楽しそうだった。

途中でハイノが顔を出した。彼もシェップも笑顔で、リラックスしていた。ハイノは自分の連れてきた学生や研究者の熱心な姿に満足していたし、シェップも自分の弟子がハイノの弟子たちに教える姿に満足していた。楽しかった。少なくとも、この瞬間だけは。

2017年1月
メキシコ、大型ミリ波望遠鏡（LMT）

秋から冬にかけて、EHTチームは順調にテストを重ねた。基線を増やし、VLBI（超長基線干渉計）観測網として使えることを確かめ、宇宙からの電波を集める能力を徐々に高めた。11月にはＡＰＥＸ（アタカマ・パスファインダー実験所）とＳＭＴ（サブミリ波望遠鏡）を結び、チリ＝アリゾナ間の基線が完成した。翌月にはダン・マローンとジュンハン・キム、アンドレ・ヤングが南極に飛び、ＳＰＴ（南極点望遠鏡）にレシーバーを設置する作業に入った。その数週間後にはメキシコとチリにスタッフが飛び、南極点のＳＰＴとチリのＡＬＭＡ、そしてメキシコのＬＭＴの３つをつなぐ待望の実験に挑んだ。

シェップは、できれば南極に行きたいと思っていた。そうすれば50歳の誕生日を南極点で迎えられるからだ。南極は19歳のときに初めて本格的な観測生活を送った思い出の地、いい記念になると思えた。しかし南極点基地は満員だった。いろんなプロジェクトが大詰めを迎えていたので関係者が詰めかけ、宿舎のベッドも足りないほどだった。それに、シェップには氷の大陸で２か月を過ごす余裕がなかった。ケンブリッジでやる実験があったし、ブラックホール・イニシアチブの仕事もあり、妻と２人のティーンエイジャーもいた。だから南極はあきらめ、代わりに１月後半の誕生日はシエラネグラの山頂で迎えることにした。そして薄くて冷たい空気に耐え、あの螺旋階段をのぼり、貨物用のエレベーターに乗り込んで、ＬＭＴのコントロールルームに到着した。

試験観測の最初の晩で、まだ夜中までには時間があった。バックエンド室は静かで、マーク６レコーダーを冷やすファンの回転音だけが聞こえていた。シェップとリンディは複雑に入り組んだケーブルの接続を確かめ、黙々とパソコンにコマンドを打ち込んでいた。シェップが着ていたのは、いつもの黒い薄手のジャケット。どうやら体調は回復したらしい。昨日の彼はまだ熱があり、分厚いダウンの防寒着を着込んで震えていた。１週間ほど前に風邪をひき、ずっと咳が出ていた。医者に行けば、そんなコンディションで標高４５００メートルの山に登り、徹夜で働くなんて正気の沙汰じゃないと止められたことだろう。しかし大事なテストに臨むという緊張感で風邪も吹き飛んだらしい。

コントロールルームのゴパルとダビド・サンチェスも、せわしなくキーボードをたたいていた。今宵のＢＧＭはメンデルスゾーン。モニターの１つには山頂を隠す雲の波が映し出されていた。いい天気ではないが、まだ時刻が早いから誰も心配していない。どうせ夜中には山頂から雲が消え、逆転層ができると思っていた。しかし気温は昨日よりもぐっと下がっている。実を言うと、昨日までは不思議なほど長く好天が続き、空気もすっかり乾いていた。おかげで向かいのメキシコ最高峰ピコ・デ・オリサバもはっきり見えたが、その氷河は以前よりも黒ずんでいた。これは誰にとっても悪い兆し。世界中の氷河と同様、この山の氷河も徐々に後退していた。たぶん、気候変動の影響と考えていい。

「いいニュースだ」。ダビドが言った。「フォーカス成功！」

それから10分後。みんなダビドのまわりに集まってモニターを見つめていた。「あの雲が気になるな」。シェップがつぶやいた。「霧が凍ったら困る。霧が晴れずに気温が下がれば、鏡面に氷がついてしまう」

「頑張ってますよ」とダビド。

「気温は?」とシェップ。

「露点(大気中の水蒸気が固まり始める気温)に近づいている」とゴパル。

「やばいな。霜が降りるかも」とシェップ。

しかしその後の数分で天気は変わり始めた。シェップが言った。「こんなこと自分で言いたくはないが、なんだか少し晴れてきたようじゃないか」

大画面のモニターではデジタル時計が秒を刻んでいた。現地時間午前1時が近づくと、ゴパルが秒読みを始めた。「4、3、2、1、発射!」

ダビドが回転椅子で小躍りし、膝をたたいて言った。「お祝いしましょう」。そして立ち上がり、みんなにゴマをまぶしたカシューナッツを配ってまわった。

25

2017年4月4日
マサチューセッツ州ケンブリッジ
ブラックホール・イニシアチブ

フルサイズのＥＨＴ（事象の地平望遠鏡）がついにいて座A*とＭ87を見る日、自分はどこにいるだろう？　シェップはずっと考えていた。ＥＨＴ観測の始まりだったマウナケアか、目の前に５０００メートル級の巨大な火山がそそり立ち天気の変わりやすいメキシコか、標高５０００メートル弱の殺風景な高地に並ぶ66台の望遠鏡を束ねたチリのＡＬＭＡ（アタカマ大型ミリ波サブミリ波望遠鏡群）か。残念ながら、そのどこでもなかった。その日の彼はケンブリッジに、ブラックホール・イニシアチブの研究室にいた。

冷たい雨が窓をたたいていた。木々のつぼみはまだ固く、春の訪れを待っている。対照的に室内は明るく暖かく、むしろ暑いくらい。10台のコンピュータが何やら必死で計算しており、同じくらいの数の人間が集まっていた。本来はシェップとアンディ・ストロミンガー、ピーター・ギャリソン、ラメシュ・ナラヤンの共同オフィスだが、シェップ以外の３人は別な棟にもっと立派な部屋を用意されているから、ふだんは使わない。だから今回の観測期間中は、ここをＥＨＴチーム全体の司令室として使うことになった。シェップが陣取る大きな会議用テーブルには何台ものパソコンが並び、携帯電話が転がり、地上回線の黒電話が１台あった。部屋の一角には球形のウェブカメラがあり、シェップのいるあたりを常時撮影していた。

北側の壁にかけた大きなモニターには、衛星観測の気象データが表示されていた。隣の少し小ぶりなモニターには、各観測地点の現地時間を示すデジタル時計がずらりと並ぶ。窓と反対側の壁に

	WEATHER	TECHNICAL	NIGHT OUTLOOK	MULTI-DAY OUTLOOK	LOCAL WISDOM
LMT					
SPT					
SMT					
ALMA					
APEX					
SMA					
JCMT					
PICO					

は大きなホワイトボードがあり、緑と赤と青のマーカーで上図のようなチャートが描かれていた。

縦の列は観測拠点の略号。横の列は左から「天候」「テクニカルな準備状況」「今夜の見通し」「今後の見通し」「現地の判断」だ。そしてボードの右下には緑のマーカーで

4 pm: G/NG

と記されていた。米国東部標準時で午後4時になったら毎日、シェップがその晩の観測について「ＧＯ（実施）」か「Ｎｏ Ｇｏ（中止）」かを判断するという意味だ。この段階でゴーサインが出れば、あとは何が起きようと突っ走るしかない。

10日間にわたる観測の初日、午後2時だった。ＥＨＴ連携チームは今回、ＡＬＭＡで合計65時間の観測枠をもらっていた。彼らはそれを5回に分けて使う予定だ。いて座A*とM87に加えて、ＡＬＭＡは彼らに他のクェーサーやブラックホール10個も観測するよう求めていた。別な科学者たちの要望に

応えるためだ。ビンセント・フィッシュは観測対象のリストに目を通し、地球の自転や太陽の位置、天空における天体の位置、各観測拠点の機動性などを考慮して４つの「トラック」に分けた。トラックごとに約１００分間の連続スキャンを行う。その予定は黒板に記されていた。時刻は米国東部標準時（夏時間）。

Track A #4　19:25 -> 11:18
Track B #2　20:46 -> 12:14
Track C #3　00:01 -> 16:42
Track D #1　18:31 -> 13:07

最初はトラックDだ。ただしここは主目標のいて座A*やM87の撮影にベストな時間帯ではないので、みんなあまり気が乗らない。「このスケジュールを眺めてると、なぜ?と思ってしまうな」。シエップが言った。しかし今さら変更はできない。やるしかない。問題は今晩やるかどうかだ。チリとアリゾナの天気はよく、安定していた。ハワイの天気は最高。心配なのはメキシコと南極点の天気とテクニカルな状況だ。どちらにも強い風が吹いていて、ＬＭＴ（大型ミリ波望遠鏡）とＳＰＴ（南極点望遠鏡）の巨大なパラボラアンテナに影響を与える懸念がある。しかもメキシコは遅くなると雪が降るという予報だ。そしてＳＰＴは昨晩、簡単なはずの天体を捕らえることもできなかった。再起動させれば済むのかもしれない。そうであれば今夜の観測に間に合うが、再起動してもダメなら面倒なことになる。点検すべき項目は山ほどあり、問題解決にどれほど時間を要するかわからない。ただ幸いにして、今夜は必ずしもＳＰＴを必要としていない。今夜のハイライトはＭ87だが、北半球の空にのぼる。だから地球のどん底の南極点からは、どのみち見えない。ただしＳＰＴが明日以降も使えないとなると、それは困る。

「ＳＰＴの回復を待つなと、ダン（・マローン）が言ってる」。そう言ったのはフェリャル・オゼル。彼女とディミトリウス・プサルティスは１年の研究休暇を取得してブラックホール・イニシアチブに参加していた。ディミトリオスは今やＥＨＴのプロジェクト・サイエンティストで、この日はフェリャルの向かい側に座っていた。

「正直言って、ＬＭＴのほうが心配だな」。シェップが言った。何らかの理由で、ＬＭＴの水素メーザー原子時計が少しおかしい。

「メーザー・ノイズのパワー・スペクトルは？」と聞いたのはマイケル・ジョンソン。

「f２乗分の１に近いが変わり始めている」。シェップはそう言って立ち上がり、南側の黒板に歩み寄って、なにやら計算を始めた。その場にいたジム・モーラン（ヘイスタック観測所にやって来た若き日のシェップを指導した電波天文学の権威で、この日は教え子の晴れ舞台に立ち会うために駆けつけていた）もシェップのパソコンをのぞき込む。そしてこの程度なら問題なしと結論した。修正は必要だが、今日はこのままで行ける。

ゴパルから届いたメールを、シェップが読み上げた。「いまフェーズ・ノイズ（位相雑音）を測った、最大の危機レベルだと書いてある。あの人、こっちが見えてるみたいだ」

メキシコからの信号には少し乱れがあったが、他の観測所からは正常な信号が届いていた。フェリャルが立ち上がって、ホワイトボードの情報を書き替えに行った。ディミトリウスが他の観測拠点から届いた最新情報を読み上げる。ＡＰＥＸはテクニカルな準備完了、天候も良好。ＳＭＴは準備完了。ＬＭＴは天候よし、風は強いが上限を越える気配なし、テクニカルにも「ＧＯ」だ。

「メーザーはどう？」とフェリャル。

「今のところ問題なしだ」とシェップ。

ＬＭＴのメーザーが問題なしなら、残る問題は天気だ。水蒸気マップを見てくれ、とシェップが言った。大きなモニターに気象衛星からの情報が映し出される。刻々と変わる雲の動きが一目でわかる。最初はメキシコ。「問題なさそうだな」とシェップは言い、次はアリゾナを見せてくれと指示した。ＳＭＴのあるマウントグレアムの天気も心配だった。米海洋大気庁（ＮＯＡＡ）の衛星画像だと州内全域が雲に覆われていたが、念のためにパソコンでマウントグレアムのスポット予報を引っ張り出してみると、これから天気は回復するとあった。「どっちを信じたものかな」。シェップはつぶやいた。

それからみんなで会議用テーブルを囲み、今夜の方針を議論した。４つの異なる大陸にある８つの観測拠点が同時に好天に恵まれるチャンスが本当にあるのだろうか。それはみんながずっと抱いてきた答えの出ない疑問だ。しかしこの晩は、どこの状況も不思議なほど良好だった。まだ10日間の観測の初日だから、どこかに不安があれば遅らせればいい。それだけの余裕はあった。しかし待つことにもリスクがある。メキシコの天気は悪化するとの予報だった。それに、今宵の任務であるトラックDの観測は必ずしもみんなの「やりたいこと」ではなく、むしろ義務。本命のいて座A*に挑むのは明日以降のことだが、ALMAとの約束を守るには条件のいいときにトラックDの観測をする必要があった。「情報を整理しよう」。シェップが言った。「そして初日の観測を始めよう。厄介払いは早いほいがいい」

「テクニカルな面では、南極点以外は問題なし」と言ったのはフェリャル。「つまりSPTは今夜の観測に参加しない。それからアリゾナとメキシコの天気はちょっと不安」

「どこの天気も満足すべき状況だ」と言ったのはビンセント。

数分後にはみんなの発言が終わり、暗黙の了解ができた。

「決まりだ、GOだ」。シェップは言った。「行くぞ、やるぞ!」。シェップはスラック(今回の観測でメンバー間の連絡に使うことにしたチャット・サービス)にアクセスしてキーボードをたたきながら、自分の文面を読み上げた。「4月5日向けの決定。VLBI(超長基線干渉計)観測GO。

……こいつは演習じゃない!」

「その一言、いらない」。フェリャルが言った。

2時間半後、司令室に詰める人数は減っていた。外は暗く、雨は降り続いていた。部屋のなかは明るく、静まりかえっていた。観測開始時間が迫り、シェップとジェイソン・スーフーは席に着いた。

「あと20秒です」。ジェイソンが言った。

「5からカウントダウン」。シェップが言った。

「5から？」

「そうだ。じっくり聞きたいんだ」

「OKです。5、4、3、2，1、GO。始まりましたよ」

米国東部標準時午後6時31分、ついにEHTに参加する各地の望遠鏡が巨大な1つの仮想望遠鏡となって本物の観測を始めた。最初のターゲットはOJ287。2つの巨大ブラックホールが連なる特異な天体で、35億光年の彼方にあり、大きいほうの質量は太陽の180億倍。知られている限りでは最大級のブラックホールだ。

この日のために用意したスラックのチャットルームに続々と連絡が入ってくる。科学者らしく慎重に言葉を選んでいるが、喜びは隠しきれない。

6・43PM　リンディブラックバーン：LMT記録開始。スキャンチェックOK。まだ日が出ているので対象にフォーカスできない。まだ無理だ。

7・41PM　Sドールマン（シェップ）：ピコベレタのIRAM30m、APEX、SMTから報告あり、すべて順調とのこと。他の拠点も、余裕ができたら観測開始の確認連絡をくれ（JCMTとSMAは連絡不要。君たちの観測開始はUT01時だ）。

8・10PM 〈UTはユニバーサル・タイムの略〉

8・50PM Tクリヒバウム：ピコベレタ順調。

8・50PM GBクルー：ALMAここまでのスキャンはすべて成功。

8・56PM Sドールマン：XLN！〈XLNはエクセレントの略〉

ジョノ：SMA準備完了。ただし観測開始の時刻でもOJ287はまだ地平線の下だ。

タウは0・07、フェーズの安定性も最高……運が味方している、今までの努力が報われるぞ。

9・19PM レモ：JCMTでもまだ対象は見えないが、予定どおりに進める。

それから数時間後。ハワイのSMTではすべてが順調に推移していた。トラブルの気配もない。現場を仕切るジョナサン（ジョノ）・ワイントラウブはスタッフに、今夜はもう引き揚げる、ハレポハクのベースキャンプに戻ろうと告げた。

12・04AM ジョノ：SMTチームはこれから引き揚げ、ベースキャンプから観測データの監視を続ける。異常が起きればオペレーターのミリアムが20分で現場に戻れる。今のところはすべてが順調すぎて、びっくりするくらいだ。

スペインでは夜が明けた。ＥＨＴの東端を守るＩＲＡＭ30ｍの観測は終了した。

12・38ＡＭ　Ｈファルケ：コンピュータに多少の問題（小さな問題だ）はあったが、すべては順調に行った。こちらは30分ほどで撤収する。

1・19ＡＭ　ゴパル：おめでとう、ピコベレタ！

米国東部標準時午前5時前。ハーバードの司令室で誰かが、今日はダン・マローンの誕生日だとチャットした。すると今まで沈黙を守っていた南極点のチームから反応があった。

4・58ＡＭ　Ｄマローン：やあ、ありがとう。いて座A*を追いかけながら誕生日を迎えるのは初めてじゃない。でも今までは南極じゃなく、マウナケアだった。

5・00ＡＭ　ＳＰＴダニエル：みなさんも南極点に来てくださいね。

5・01ＡＭ　ゴパル：おお、ＳＰＴも生きていたか！　ＳＰＴダニエル、そっちの調子を教えてくれ。

5・04ＡＭ　ＳＰＴダニエル：マーフィーの法則（失敗の可能性のあるものは必ず失敗する＝だか

らすべてのバグを排除すべしという教訓）と戦い続けて5日も徹夜した。でも今のところシステム・チェックは順調だ。またマーフィーにやられない限りね。60分前にもやられたばかりだ。ま、期待してくれ！

午前6時59分。ダン・マローンから連絡があった。南極点に吹く23ノット（毎秒12メートル）の強風がトラブルを招く可能性があるという（「SPTのパラボラアンテナは巨大な帆だ」と書いてあった）。しかし大きな朗報もあった。SPTが順調に動き出したという。どうやらマーフィーの法則に勝ったらしい。

一方、メキシコのLMTでは新たな問題が生じていた。スキャン続行中に何度も、望遠鏡が止まってしまう。電源か何かの問題による緊急停止だ。止まるたびに再起動して、どうにかこの晩の観測は乗り切ったが、明日の観測が始まるまでに原因を突き止め、問題を解決する必要がある。

通常の天体観測なら夜が明けたら終わりだが、トラックDの観測対象には「日中の光源（天体）」も含まれていた。だから観測は昼ごろまで続き……気がつけばシェップたちが再び司令室に集まる時刻が迫っていた。

2日目の午後2時。ハーバードの司令室に全員がそろった。今宵の観測トラックでは、いよいよいて座A*に照準を合わせる。みんな張り切っていた。心配なのはメキシコのLMTだ。例によって問題は2つ。テクニカルな問題（何度も緊急停止が起きないようにすること）と天気だ。予報では午後から雨、雷雨となっていた。平地が雨なら山頂は雪や雹《ひょう》になりかねない。反射鏡に氷がついたら観測は中止。太陽の熱が氷を解かすのを待たねばならない。

地上回線の黒いスピーカーフォンから声がした。「おはよう、こちらＬＭＴのリンディ」。どうやら起きたばかりらしい。

「状況を伝える」。シェップが大声で言った。「どこの天気もよさそうだ。これなら行けると思っているが、すべてはＬＭＴの調子次第だな。一番心配なのは緊急停止だ。スキャンの途中で止まるようではゴーサインを出せない。原因が知りたい。『誰かがやってる』じゃ困るんだ。誰かをたたき起こすか、呼んでくるか、ともかくもっと情報が欲しい」

「ダビドが起きてきたら彼と話します」とリンディ。「さっき駆動速度を落として試したんです。何度か止まったけど、多くはなかったです」

「わかった。それで、そうすればいい？　他の選択肢は？　駆動速度を落としても、まだ緊急停止が起きるとすると、問題は朝の時間帯かもしれないな。メキシコ中の人が起き出して、一斉に電気を使い始める。で、誰が解決できる？」

「ゴパルはカマルにまかせてます。ここのエンジニアです」

シェップは自分のｉＰｈｏｎｅをつかみ、カマルに電話し、スピーカーをオンにしてテーブルに置いた。カマルの声が聞こえてきた。彼の説明によると、緊急停止は電圧が３８０ボルトより下がると起きる。いつ起きるかわからないが、たいていは朝の時間帯、日中勤務の職員が出てきたころに起きやすい。それでカマルは緊急停止のかかる電圧レベルを370ボルトに下げた。そして今朝のテストでは、それより低い設定にはしなかったという。また施設の管理者に「電力を食う余計なもの、地下室の暖房とか、他の実験とか」をすべて止めてくれと頼み込んだ。

「カマル、こちら司令室のフェリャル。駆動速度を落とすという選択肢があるんだけど、それって効果ある?」

カマルは否定的だった。駆動で食う余計な電力は15ボルトくらいだから、たいした影響はない。つまり、それで緊急停止が減るわけではない。そんなことより、不要不急のデバイスの電源をすべて落とすほうがいい。「たとえば」とカマルは言った。「キッチンにある電気ヒーターとか」

「なあ、カマル」。シェップが言った。「つまりLMTの諸君を凍えさせないと、観測は続行できないということか」

「いや、彼らを凍死させるつもりはないです」とカマル。「強制遮断の電圧レベルを下げれば大丈夫だと思います」

LMTのベースキャンプにいるダビド・サンチェスが会話に加わった。「強制遮断の問題より、今は天気の具合が気になります。どんどん悪くなるみたいです」

「ダビド、天気の様子を詳しく教えてくれ」とシェップ。「レーダーの画像では晴れてるように見えるが、別なサイトの情報だと雪になっている。判断がつかない。結氷や雪の可能性はどれくらいだと思う?」(シェップの言う「別なサイト」は登山者用のお天気サイトで、ゴパルがその日、メ

ールで知らせてくれたものだ。こっちのほうが信用できるとシェップは思っていた）

「私の予想では、夕方は50％の確率で悪天候でしょう」とダビド。「だから観測に最初から加わるのは無理。でも途中から、たぶん参加できます。氷がつかなければ」

「鏡面に氷が張りつく確率は？」とシェップ。

「やっぱり50％」とダビド。

カマルが会話から降り、代わりにゴパルとアレクス・ポプステファニヤが加わった。

シェップがゴパルに呼びかけた。「いまカマルから、緊急停止の問題は解決済みと聞いた。あとは天候次第だ」

ゴパルの答え。「こちらも天気予報をにらんでいるとしか言えないな。地上は雪か雷雨という情報だが、それがこの山の上の天気とどう関係するかは、私らにはわからん」

「ふつう、ＬＭＴでは夜遅くなるほど天気がよくなりますよね」と言ったのはディミトリオス。

「一方で向こう数日の天気はどんどん悪くなるという予報です」

つまり、いて座A*をターゲットにした今夜の観測を先送りした場合、彼らは何日か後にハワイとアリゾナとチリとスペインと南極点の天気が今夜と同じ程度かそれ以上に良好で、かつメキシコの天気もいい可能性に賭けるしかない。そのころには観測日数も残り少なくなっている。もしも賭けに敗れたら、いて座A*を見るチャンスは失われる。

今度はビンセント・フィッシュがウェブカメラ経由で会話に加わった。「確率が50％なら、これで決めるしかないな」。壁かけモニターにビンセントの顔が映し出された。「実に科学的な方法がある」。そう言って彼は、25セント硬貨を投げ上げる仕草を見せた。

「私は『発射』に賭けます」とダビド。「LMTに天候悪化の可能性があるからって、今夜の観測はキャンセルしたくない」

「最悪の事態は回避できたな」。シェップが冗談めかして言った。「もう少しで、ダビドが悪天候の可能性50％と言うので今夜の観測は中止とウェブサイトに書き込むところだったよ」

午後4時5分。決断の時刻を過ぎても意見はまとまらない。午後6時にはダビドが最新の気象情報を伝えてくる予定だが、それまでは待てない。他の観測拠点の人たちの都合もある。今夜も徹夜の観測をするなら今のうちに少しでも寝ておきたい。やらないなら自分たちはさっさと撤収して、別な観測隊に席を譲るのが筋だ。そしてALMAの観測枠の問題があった。与えられた観測時間は65時間しかない。無駄にはできない。この状況で決行してもメキシコの天気が悪化すれば標的は見えず、貴重な時間を空費することになるかもしれない。空振りに終わった時間はなかったことにして、天気のいい晩にまた使わせてもらえるだろうか？　頭の固いALMAの諸兄に、そんな柔軟な対応を期待できるか？　望みは薄いが、ともかくシェップはチリに電話を入れた。すると意外や意外、シェップを喜ばす答えが返ってきた。ALMAは柔軟に対応するという。ならば迷うことはない。

「よし、書き込むぞ。行くぞ」。シェップは言った。

午後4時40分。シェップはスラックのチャットルームを開き、キーボードをたたきながら自分の指示を大声で読み上げた。

ＵＴ４月６日のＶＬＢＩ観測はＧＯ。スケジュールはｅ１７ｂ０６、バージョン10……なお開始時刻はＵＴ４月６日00時46分。こいつは演習じゃない！

「それ、昨日も言った」。フェリャルが言った。

＊　＊　＊

最初の３晩は、みんな必死で観測を続けた。当然、体力の限界が来る。メキシコの天気はいつも変わりやすかったが、大事な時刻になると（エジプトを脱出するモーゼの眼前で海が割れたように）雲は山頂から離れていった。勝ち続けているときのギャンブラーと同じで、シェップは４日目も勝負するつもりだった。しかし現場は「地獄の特訓」の後半に突入した海軍特殊部隊の新人兵士と同じくらいに疲れきっていた。だからシェップが午後４時に決定を下す前に、先手を取って通告した。「今夜は無理だ」

それでも４月11日朝までの観測期間が終わったとき、ＥＨＴチームは合計で65時間を越える観測データを取得していた。終わってみれば、いい10日間だった。大きなトラブルはなかった。観測したデータを収めた超大容量のハードディスクはすべて、相関処理を施すためにアメリカのヘイスタック観測所とドイツのマックス・プランク電波天文学研究所に送られた。どちらのデータにも異常はなかった。両方の相関器室で、ノイズをよけ、原子時計の微妙なずれや観測拠点の場所による違いを調整する気の遠くなるような作業が始まった。主観の介入は許されない。ひたすら純粋数学的な領域で作業を進める。1か月と経たないうちに、少しずつフリンジが見えてきた。すべての観測がうまくいった証拠だ。しかし予断も油断も禁物。どちらの相関器室も、けっして途中経過を漏らさない決まりだ。

4か月後。真に地球規模の仮想望遠鏡による観測が（完璧とは言わぬまでも）ほぼ成功だったことには確信が持てた。これでシェップも本物の休暇を取れる。もちろん、この先のデータ解析には何か月もかかる。天文学史に残る途轍もない仕事をやり遂げたという充足感に浸るのはまだ早い。日々の仕事（相関処理やデータの解読、エラーの修正、新たな助成金の申請、そしてもちろん来年の観測の準備）は待ったなしで、祝杯をあげる気分にはなれない。なにしろ、まだ誰も知らないのだ。自分たちは何を見たのか、それはどんなふうに見えているのか、胸を張って世界に発表できるものなのかを。

＊　＊　＊

8月。ある月曜日の朝。この日のシェップは電波望遠鏡のことも忘れ、ただ霧が晴れることだけを祈っていた。2週間の休暇を取り、家族連れで故郷のオレゴン州に来ていた。天気がよければ、今日が旅行のハイライトになるはずだった。

訪れたのは海辺の町リンカーンシティ。家族そろってビーチに立ち、空を見上げ、皆既日食が始まるのを待っていた。アメリカ本土で見られるのは１９７９年以来のことだ。あのときは父親の運転する車で、ゴールデンデールの丘に登って見たのだった。もう月が太陽を隠し始めていた。しかし霧と日食観測用サングラスのおかげで、ぼやけてしか見えない。オレンジ色に輝く三日月みたいだ。それでもクライマックスの瞬間は違った。天気の神々は前のときほど上機嫌ではなく、霧はかかっていたけれど、月が太陽をすっぽり隠した瞬間はすごかった。

ビーチは暗くなった。あちこちで歓声や悲鳴が上がる。シェップとエリーサと子どもたちはサングラスを取り、裸眼でしっかり見た。真っ黒で真ん丸な円が空に浮かび、炎のリングで囲まれている。そのリングから光が放たれ、炎が揺れるのも見えた。その場にいた誰もがしたように、シェップもｉＰｈｏｎｅを取りだして、その黒い円にレンズを向けた。

エピローグ

久々の皆既日食を見た数週間後、シェップは医者に電話して脈拍35というのは心配すべき状況かと尋ねた。ほどなくして彼は救急治療室に運び込まれ、胸にいくつも電極を貼りつけられた。一週間の入院で、あれこれ検査を受けたが、心拍が遅くなるほど血圧が上がった原因はわからなかった。真摯な科学者ゆえ、彼は安易に原因と結果を結びつけるタイプではない。この5年間、やたらとストレスが多かったのは事実だ。眠れない日々も多々あった。しかしストレスが血圧の上昇や心拍数の低下に直結するという科学的な証拠はない。それに、自分はもう50歳だ。若くはない。こんなこともあるさ。シェップは自分にそう言い聞かせた。そして今後は塩分を控えると約束して退院し、春に集めた膨大なデータの山からブラックホールの影《シャドウ》を見つけ出す仕事に戻った。

データを記録したハードディスクは各観測拠点で厳重に梱包され、ボストンのヘイスタック観測所とボンのマックス・プランク電波天文学研究所に送り出された。到着した順に、慎重にデータをチェックし、解析を進める。作業にあたっては、殺人事件の現場を検証する警察官なみに厳密な手続きを決めていた。へたな操作で生データを傷つけたら元も子もない。

人が作ったものだから、どんな装置にもどこかに欠陥が潜んでいるし、妙な癖もある。ＥＨＴ（事象の地平望遠鏡）のシステムも例外ではない。まずは生データを相関器にかけて、この地球大の仮想望遠鏡の能力を、そして独特な癖を探らねばならない。次はキャリブレーション＆エラー分析チームの出番で、よく知られたクェーサーがＥＨＴにどう見えているかを調べる。そして既知のデータと比べてどこが違うか、違うとすれば何が問題かを検討し、必要なら修正を施す。そして再び相関器にかける。この繰り返しだ。

この検証プロセスを通じてわかったのは、観測がおおむね成功だったことと、それなりの問題もあったという事実。スキャンの途中でレコーダーが止まった部分もある。光漏れしている部分もあった。しかし、こうしたエラーのほとんどは修正可能だ。エラーが出るのは毎度のことで、その修正作業もルーティンの一つ。ただデータが膨大なだけに時間がかかる。

２０１７年末になっても、確かなのは地球規模の仮想望遠鏡による観測が成功したこと（これだけでも大きな成果ではある）だけで、何が見えたかはまだ不明だった。いて座A*とM87のデータはまだ相関器にかけていない。その前段階の作業が続いていた。未着のデータもあった。氷に閉ざされた南極点のチームは11月まで動きが取れなかった。南極に夏が訪れるのを待って、彼らは保管していたハードディスクを取り出し、ていねいに梱包して木箱に入れ、カリフォルニアの基地に戻る米軍の輸送機に積んだ。ヘイスタック観測所の駐車場に宅配便のトラックが入ってきたのは２０１

7年の12月13日。南極からの荷物だ。科学者たちは届いたハードディスクの半分を相関器室の棚に並べ、残りの半分はボンへ送り出した。次にはこのデータを、他の7つの観測拠点のデータと合体させる作業が待っていた。

明けて2018年、今度は何を優先させるかという難題が待っていた。データの仕上げは終わっていないし、SPT（南極点望遠鏡）のデータはまだ相関処理も終わっていない。しかし次の観測（2018年4月）の準備もある。今度は周波数帯域を2倍に広げ、新たにグリーンランドの望遠鏡も加える。さて、どちらの優先順位が高いか。1年前より進化し、大きくなったEHTでの観測か。去年のデータの解析を終えることか。その両方を同時並行で進めるだけのスタッフはいない。もちろん、去年の写真を早く見たいと思うのは彼らだけではなかった。彼らを支えてきた研究機関や資金を提供した財団も、早く見せろと圧力をかけていた。早手回しに記者発表の段取りを考える人もいた。しかしまだ確実なことは何も言えない。2月になるとチームは決断を下した。とりあえずデータの解析は一休みして、次なる観測をやりきろうと。

それで彼らは渡り鳥のごとく、それぞれの担当する観測拠点に散っていった。毎回そうだが、この年も厄介なトラブルがあった。天候とテクニカルな問題に加え、新たな問題が起きた。治安だ。4月23日の月曜、メキシコでのこと。2日目の観測に向かうスタッフがベースキャンプから車で山頂に向かっていると、どこからともなく2台のトラックが現れて道をふさいだ。どちらにも武装した男5人が乗っていた。LMT（大型ミリ波望遠鏡）でも前代未聞の出来事だが、最近はパイプラインから石油を抜き取る盗賊団がこのあたりに出没していて、警察と衝突を繰り返しているという話は聞いていた。天文学者たちは恐い思いをしたが、盗賊たちは何も奪わず、彼らを無事に通してくれた。けが人もいなかった。しかし治安上の重大な脅威であることに違いはない。所長のデビッド・ヒューズは全員に、下山して地元の町で待機するよう命じた。LMTは以降の観測から離脱し、地球規模の仮想望遠鏡には大きな穴が開いた。もはやまともな成果は期待できない。つまり、ブラックホールの写真を見たければ前年のデータの解析に全力をあげるしかない。

＊　＊　＊

２０１８年6月5日、彼らはいて座A*とM87の処理済みデータを４つの画像作成チームに手渡した。余計な先入観を与えたり誰かを焦らせたりして、実データにありもしないブラックホールを見たつもりになると困るので、画像作成チーム間の接触や途中経過の発表はすべて禁止した。それぞれが別な場所で、秘密を厳守し、異なるアルゴリズムや技術を用いて作業し、あまりにも鮮明すぎる画像や、「見えたもの」ではなく「見たいもの」を見た疑いのあるものは徹底して排除した。

同年7月後半、EHTはブラックホール・イニシアチブの研究室に集まって画像検討会を開いた。どの画像作成チームも、一番見たかったいて座A*の画像は得られなかった。しかしM87に関しては、どのチームも画像を取得できた。そしてどの画像も、ほとんど瓜二つだった。その場には35人ほどの研究者がいて、遠くの国からウェブ経由で議論に加わる人もいた。みんな４枚の写真を比べて見て、どれもそっくりなことに衝撃を受けた。どの写真にもオレンジ色の輪が写っていて、輪のなかは真っ黒い巨大な穴。穴の下に見える明るいレモン色の三日月型は、ブラックホールのまわりを猛スピードで周回する物質から放たれた光だろう。間違いない。これこそブラックホールの写真だ。

この年の秋から冬にかけて、彼らは画像の信ぴょう性の確認と解釈に没頭し、なかば缶詰状態で論文の執筆にあたった。毎度のことだが激しい議論もあった。画像の解釈で争い、結果をいつ、どのように発表するかでも意見が分かれた。例によって議論は尽きず、発表の時期は遅れるばかり。しかし年が替わり、北米大陸を襲った猛烈な寒波も終わろうかというころ、近く重大発表があるぞという噂が流れ始めた。

２０１９年4月1日、ＮＳＦ（全米科学財団）は報道各社に、ＥＨＴが翌週、首都ワシントンで記者会見を行い、「画期的な観測結果」を発表すると伝えた。正確に言えば、記者会見は世界の6都市（ワシントンとブリュッセル、サンチアゴ、上海、台北、東京）で同時に開かれることになっていた。そして「画期的な結果」が何かは伏せられていた。しかし4大陸にまたがる同時記者会見というのは、あまりにも異例。ついにブラックホールが見えたらしいという情報は、あっと言う間に学界にもマスコミにも、ネット上にも広まった。

4月10日。全米記者クラブの13階にある大ホールには記者団が詰めかけた。首都ワシントンは桜の季節で、空は晴れ渡り、やっと暖かさが戻っていた。壇上にはＮＳＦ理事長のフランス・コードバと並んで、シェップとアベリー・ブロデリック、ダン・マローン、セラ・マーコフ（アムステルダム大学の女性天体物理学者）の姿があった。ＮＳＦのスタッフから簡単な紹介があり、まずはシェップが進み出て、用意した原稿を注意深く見ながら語り出した。「２０１７年の4月、私たちの望遠鏡たちは一斉に顔を上げ、旋回し、５５００万光年の彼方にある銀河を見つめました。M87と呼ばれる天体です。その中心には巨大ブラックホールがあります。そして今、みなさんにお伝えします。私たちはついに、見えないものを見ました。そして撮りました。ブラックホールの写真です。ご覧ください」

１枚の写真がステージ奥のスクリーンに映し出された。一度見たら忘れられない写真だ。場内がざわめき、カメラのシャッター音がいつまでも続いた。何秒か後にはソーシャルメディアに画像が拡散していた。反応の波形は予想どおり。まずは無言の祈りにも似た畏敬の念が湧き起こり、やがて罪のないジョークや辛らつな批評が押し寄せた。たしかにM87は『ロード・オブ・ザ・リング』の「冥王サウロンの目」に似ていなくもない。ドーナツみたいにも見える。少しぼやけているのも事実だ。しかしこの１枚のもつ意味の重さを知る人には、最高に美しい１枚だった。ＮＳＦ理事長のフランス・コードバも、たった今、ステージ上で初めて見た。彼女の目には涙が浮かんだ。

画像はたちまち世界中に配信されたが、記者会見は続いた。ダン・マローンが立ち、２０１７年4月に8台の望遠鏡を連動させてこの写真を撮るまでには、苛酷な環境での何年にもわたる困難な作業があったと説明した。アベリー・ブロデリックは、この画像がシミュレーションによる予測と非常によく似ていることを指摘した上で、ただし奇妙な点もいくつかあるので今も解明に取り組んでいるとし、ＥＨＴがもっと強力になればもっと鮮明な画像が得られる、Ｍ87だけでなくいて座Ａ*の写真も撮れると述べた。まだまだ観測は続く。しかしこの１枚の写真は、アインシュタインの一般相対性理論から導かれる「ブラックホールには真っ黒な影《シャドウ》がある」という予想の正しさを証明した。１００年以上前の方程式は、正しかったのだ。

記者会見が終わり、科学者たちはステージを降りた。シェップは報道陣に囲まれて身動きできない。ステージ脇に立つ妻エリーサはせわしなくｉＰｈｏｎｅを操作していた。ボストンで留守番をしている子どもたちからメールが届いていた。ニュースショー「グッドモーニング・アメリカ」のプロデューサーが自宅に電話してきたという。この2年間、とりわけここ数か月は緊張の連続だった。これからの数週間も取材や講演に追われて大忙しだろう。しかしやがて熱は冷める。そうしたら新たな挑戦が始まる。ブラックホールの影は見えた。次はその背後に隠れた世界を探る番だ。

謝辞

ＥＨＴ（事象の地平望遠鏡）の科学者たちはみんな素敵にオープンで、私が6年も彼らを追いまわし、質問攻めにしても嫌な顔をしなかった。そして最後まで「広報担当」という名の邪魔な職員を置かなかった。まずは以下の方々に感謝。シェパード（シェップ）・ドールマン、エリーサ・ワイツマン、レーン・コニアック、ネルズ・ドールマン、ジョナサン・ワイントラウブ、ロビー・シンガル、ルリク・プリミアニ、ローラ・バータチチ、マイケル・ジョンソン、アラン・ロジャース、ジェームズ（ジム）・モーラン、コリン・ロンズデール、マイク・ヘクト、ビンセント・フィッシュ、ジェイソン・スーフー、マイク・タイタス、ルーゼン・リュウ、ルーシー・ジュリース、ディミトリオス・プサルティス、フェリャル・オゼル、ジェフ・バウアー、ダン・マローン、ジュンハン・キム、アベリー・ブロデリック、ハイノ・ファルケ、レモ・ティラヌス、トマス・クリヒバウム、アラン・ロイ、フルビオ・メリア、デビッド・ヒューズ、ゴパル・ナラヤナン、ダビド・サンチェス、ホナタン・レオンタバレス、ヒセラ・オルティス、ピエール・コックス、ジェフ・クルー、リン・マシューズ、ケイティ・バウマン、リンディ・ブラックバーン、アンドリュー・チェル、セラ・マーコフ、エイビ・ロウブ、アンドレア・ゲズ、ダリル・ハガード、フレッド・バガノフ、ケン・ケラーマン、ロン・イーカーズ、ミラー・ゴス、ブルース・バリック、スティーブ・ギディングス、アンディ・ストロミンガー、アレクス・ルプサスカ、ジャナ・レビン、プリヤンバーダ・ナタラヤン。そして愚かにも私が名前を忘れてしまった方々にも。ドナルド・リンデンベルとジョゼフ・ポルチンスキは本書の完成を見ずに先立たれた。お二人が元気なうちにお話を聞けたこと、本当に幸運だったと思います。

エージェントのラリー・ワイスマンとサーシャ・アルパー、まだEHTがよちよち歩きだった2013年に本書の企画を採用してくれたエッコ出版のヒラリー・レドモンとダン・ハルパーンに感謝します。いつも私の背中を押してくれたデニーズ・オズワルドとエマ・ジャナスキにも。

かつて私が在籍した2つの雑誌の同僚にも感謝。「ポピュラー・サイエンス」のマーク・ジャノ、ルーク・ミッチェル、ジェイク・ワード、クリフ・ランソム。「サイエンティフィック・アメリカン」のマリエット・ディクリスティーナ、フレッド・グタール、カーチス・ブレイナード、クリスティ・ケラー、マイケル・ムラク、マイケル・レモニク、ディーン・ビサー、リー・ビリングス、クララ・モスコウィッツ、ケイト・ウォン、ジェン・シュワーツ、マイケル・モイアー、ロビン・ロイド、そしてジョージ・マサー。ダン・ブラウンは絶妙のタイミングで、三人称を用いて時系列でノンフィクションを書くことの大切さをレクチャーしてくれた。

アルフレッド・スローン財団の寛大なる助成金がなければ、本書を仕上げることはできなかった。同財団のドロン・ウェーバーとエリザ・フレンチの好意と先見の明に感謝。おかげで3人の有能なジャーナリストに手伝ってもらうことができた。マット・マホニーは膨大なファクトチェックに根気よく取り組んでくれた（それでも誤りが残っていれば私の責任だ）。アンドレア・マークスはリサーチ面で協力してくれただけでなく、原稿について何度も鋭い指摘をしてくれた。天体物理学者からジャーナリストに転身したケイティ・ピークは素晴らしいマップや図表を作成してくれた。私にEHTの存在を教えてくれたのも彼女と夫のジョシュだ。折に触れてアドバイスをいただいたクリスチャン・デベネデッチ、エイブ・ストリープ、ジョン・ジルブレス、ジョシュ・ディーン、ゲーブ・シャーマン、ジェン・ストール、エイドリエンヌ・コーエン、キャサリン・プライス、アンドリュー・ブリュム、リースル・シリンジャーにも感謝。取材旅行の予定が急に変わったり、私が締め切りに追いまくられていた時期に子育てや家事を手伝ってくれたジェイミーとミシェルのホー夫妻、エレン・ギャリソン、そしてわが母アン・バンクスにもお世話になりました。

最後に妻のリーと娘のシルビア。言葉にできないくらい感謝している。私が本書の取材を始めたとき、シルビアは生後4か月だった。今は身長が4フィートに。ブラックホールに恋したみたいなパパを許してくれて、ありがとう。シルビア、この本は君に捧げる。

解説

日本語版監修者　渡部潤一（国立天文台副台長・教授）

事象の地平望遠鏡（イベント・ホライズン・テレスコープ、ＥＨＴ）によって得られたＭ87の中心にある巨大ブラックホールに関する情報が公表されたのは、２０１９年4月10日水曜日のことだった。国立天文台が中心となって都内で行った記者会見は、それまで数々の会見歴がある中でも、異例ずくめであった。まず会見時刻が、なんと午後10時。とても普通の設定ではない。世界同時会見にはしばしばあるが、今回は成果が公表される学術雑誌からの公表時刻にも一致させた。さらには解禁時刻。通常は一時間ごとなのだが、これに関しては10日同日の午後10時07分（日本時間）に設定された。まさに分刻みのスケジュールである。記者会見の場所も、われわれが通常用いる国立天文台や自然科学研究機構の狭いオフィスではなく、都心にある会議室を借りることになった。多くの出席者・陪席者や記者の利便性を考慮した結果である。ともかく、こうした会議室を、しかもこの時間帯に借りるなど、まさに常識外れの会見設定であった。

さらに特筆すべきは、この成果が多くのメディアによって大々的に取り上げられたことである。通常、国立天文台の記者会見のネタは、他の大学や研究機関に比べても取り上げられる率は高いものの、このブラックホールシャドウについてのニュースは、各新聞の一面トップ級の扱いで、他のニュースを圧倒していたと言ってもよい。それほどまでに、「ブラックホール」という魅惑的な天体に対する知名度、そして社会の関心は高かったのであろう。ある程度の予想はしていたものの、そのアフターエフェクトも大きかった。日本のEHTチームの中心メンバーは国立天文台水沢VLBI観測所の所長でもある本間希樹教授だが、このニュースの後は講演にインタビューに引っ張りだことなっている。それだけでなく、地元の奥州市ではブラックホールにちなむお菓子やらおそばやらが発売されていて、天文学としては珍しく一定の経済効果ももたらしているようだ。本書は、この社会的にも関心の高いブラックホールに迫ったEHTプロジェクトについて解説したものとなっている。それも事実や装置、ブラックホールの天文学的・物理学的な解説を淡々と述べる類いの科学書ではない。このプロジェクトがどのようにして始まり、プロジェクトの参加者たちがどんな思いでどんな努力をしてきたのか、とりわけ中心人物であるシェップ・ドールマンを中心にして、プロジェクトの立ち上げから紆余曲折を経て、今回の成功に至るまでについて、相当に立ち入って描写した、迫真のドキュメントとなっている。ブラックホールを見てみたい、と思うのは誰しも思うことだが、実際その具体的方法を考え、実現するまでには相当な道のりがあった。本書も1979年の描写から始まっている。といってもまだドールマンは高校生で、皆既日食をきっかけに天文学を志すところからだ。そして物語は過去、1919年の皆既日食によって一般相対性理論が検証され、ブラックホールの存在が取りざたされていく、という導入になっている。このようなうまい関連づけは随所になされている。ドキュメント一辺倒でもなく、科学的解説が適切な場所に適度な分量で織り込まれており、読者を飽きさせることがない。

私が感心したのは、EHTプロジェクトがある程度形をなしてきた頃のシェップ・ドールマンの心情描写である。自らが築いてきたプロジェクトにヨーロッパ勢が入り込もうとしてきて、まるで成果や栄誉を乗っ取られるような嫌悪感を抱くシーンが赤裸々に描写されている。手を組まないことにはこのプロジェクトは成功しないことも論理的にはわかっているものの、そうした感情描写が織り込まれていることで、科学者もしょせん人間であること、栄誉への欲望はないはずがないことに、読者は不思議な親近感や安心感を抱くに違いない。それにしても著者は、いったいどうやってこのような深いところまで書くことができたのか。欧米のグループの駆け引きのプロセスだけならまだしも、シェップ・ドールマンをはじめとする登場人物の心理を描くには、極めて密着した取材が、その基礎になっていることは間違いないだろう。

第三部ではブラックホールについての研究の流れが丹念に解説されている。ホーキング放射から熱力学的考察まで最近の研究の動向も紹介されている。その一方、資金集めのためのPRや組織作りの難しさをドキュメントタッチで描き出すことも忘れていない。そして実際の観測に突入すると、現場で起こる様々なトラブルに対処していく研究者の実態が生き生きと描かれている。これはその場に立ち会ったものだけが可能なほどの迫力である。最後はM87の中心にある巨大ブラックホールの観測の状況、そして家族で観察に出かけた２０１７年の皆既日食のシーンで終わる。皆既日食で始まり、皆既日食で終わるのはなかなかの仕掛けであるものの、本書を読了して物足りなさを感じる向きもあるだろう。データの解析で得られたブラックホールシャドウの解説が少ないからだ。ただ、このプロジェクトは終わったわけではない。記者会見でも紹介されたが、われわれの銀河系中心のブラックホールも観測されており、今後もその成果が公表されることも期待されている。その意味では、本書がなんとなく物足りないと感じるのも、このプロジェクトがまだ道半ばだからなのだ。

もうひとつ、日本の読者にとって物足りないのは、日本チームの活躍が本書には、ほとんど紹介されていないことだろう。少し、そのあたりを補足しておきたい。まず、本書にも現れるが、ハワイ島マウナケア山頂にあるジェームズ・クラーク・マックスウェル望遠鏡（ＪＣＭＴ）は、現在は日中韓台からなる東アジア天文台が、イギリスとカナダと共に運営している望遠鏡である。実際のＥＨＴプロジェクトにおいては重要な役割を果たしている。実際、２０１７年のＪＣＭＴでの観測には本間教授が参加した。また、当時は日本学術振興会の派遣事業でポスドクとしてアメリカにいた秋山氏は、ＥＨＴの中央司令室のメンバーとして、全観測局の状況を監視し、気象条件に応じて観測の実行／中止などの緊迫した議論に加わっていた。

一方、ＥＨＴの成功に欠かすことができなかった南米のチリ北部アタカマ砂漠にあるＡＬＭＡ（アルマ望遠鏡）は、もともと欧米と共に日本が先導した国際協力により建設・運用されているものだ。このＡＬＭＡをＥＨＴに参加させるのは、政治的にも難しかったことは本書にも紹介されているが、技術的にも難しさがあった。なにせ50台もの望遠鏡を１つのＶＬＢＩの観測局とするのである。そのために［ALMA Phase-up Project（APP）］というチームが組まれたほどである。このチームでは、多くのアンテナの信号を足し合わせ、30キロメートルも離れた中間山麓施設に光ファイバーを使ってデータを送りこみ、ハードディスクに記録する。日本のメンバーは、足し合わされた信号を中間山麓施設に送る「光多重伝送装置」の開発・製作を担当した。もともと、日本の研究者チームは光ファイバーを用いてデータを伝送する技術を実際のＶＬＢＩ観測で行なっていたこともあって、その経験をＡＰＰプロジェクトに活かすことができたのだ。すでに２０１４年には実際にＡＬＭＡに搭載され、２０１７年のＥＨＴ観測では大活躍をしたわけである。

さらに、観測戦略立案にも日本チームは深く関わっている。本書にも紹介されているようにＥＨＴプロジェクトの観測のためには、ＡＬＭＡをはじめとする様々な望遠鏡に対して、観測提案書を提出する必要がある。世界中の研究者が応募する他の観測テーマと同様に審査されるが、その審査に通らなくては話にならない。2017年のM87の観測では、日本チームはVLBI観測でも長年にわたる研究実績を持っていたことも幸いし、国立天文台水沢VLBI観測所の秦氏や秋山氏が執筆の中心メンバーに加わって、貴重な観測時間を勝ち取った。さらに画像解析でも大きな貢献を果たしている。VLBI観測では、世界各地にある電波望遠鏡で得られた観測データを解析し、画像化することが必要だ。その画像化する際に、スパースモデリングという統計的な手法を応用したのだ。この手法を適用する開発を行い、実装したソフトウェア (Sparse Modeling Imaging library for Interferometry; SMILI) を適用したのである。

得られたデータは解析する手法によって異なる結果が出るようでは信頼性がないことになる。2017年のEHT観測のデータの解析は、従来の方法、米国が中心となって開発した解析法、そして日本のスパースモデリングによる方法という3種類の異なる画像化手法を用いたソフトウェアが採用された。そして、4つの独立な解析画像化チームを作って、情報を共有することなく画像復元を行った。日本の研究者は、2チームに分散して加わり、4つのチームすべてが独立にほぼ同一のブラックホールシャドウの検出に成功したのだ。

得られた観測画像の解釈でも日本は大活躍している。もともとスーパーコンピュータによるシミュレーションには強いので、これまでブラックホールと降着するガス、そしてジェットについて世界的にも独自の理論研究の蓄積があった。このシミュレーションには、国立天文台が所有するスーパーコンピュータであるアテルイⅡが用いられている。こうして、慎重な画像化と平行して、得られた結果の解釈と議論を1年以上かけて注意深く行って理論モデルの構築を行った。ブラックホールシャドウは本当にブラックホール中心部であるが、実際に面白いのはその外側にある降着するガスとそれが吹き出すジェットだ。そのスケールの違いを埋めるためには、今回のＥＨＴプロジェクトだけでなく、望遠鏡のネットワークの拡張や異なる波長での観測も必要である。さらには、長期間のモニター観測によるブラックホール周囲の活動の動画撮影や、偏光を用いた観測なども、ブラックホールの本質に迫るためには必須だろう。噴出するジェットとの関連を知るためには、ＥＨＴだけでなく、波長の長いＶＬＢＩ手法による相補的な観測も必要不可欠である。日本・東アジア独自の取り組みとして東アジアＶＬＢＩネットワーク（ＥＡＶＮ）というプロジェクトもすでに立ち上がっており、ＥＨＴとの相補的な観測が遂行できると期待できる。こうした意味でもブラックホール研究は、まだ始まったばかりと言える。

いずれにしろ、本書には紹介されていないが、ＥＨＴに参加した各国のチームにも、そのメンバー全員にも、それぞれのドラマがあったことは間違いない。巨大ブラックホールの影の撮影は、こうした努力があってこそ成功し、そしてブラックホール研究の端緒がひらかれたといえるだろう。

Goss, W. M., Robert L. Brown, and K. Y. Lo. "The Discovery of Sgr A*." *Astronomische Nachrichten Supplement* 324 (2003): 497–504.

Hawking, S. W. "Black Hole Explosions?" *Nature* 248 (1974): 30.

——. "Information Preservation and Weather Forecasting for Black Holes." Submitted to arXiv.org January 22, 2014. https://arxiv.org/abs/1401.5761.

Imbriale, W. A. "Introduction to 'Electrical Disturbances Apparently of Extraterrestrial Origin' " 86, no. 7 (1998). doi:10.1109/JPROC. 1998. 681377.

Kellermann, K. I., and J. M. Moran. "The Development of High-Resolution Imaging in Radio Astronomy." *Annual Review of Astronomy and Astrophysics* 39 (2001): 457–509.

Lowe, David A., Joseph Polchinski, Leonard Susskind, Lárus Thorlacius, and John Uglum. "Black Hole Complementarity Versus Locality." *Physical Review D* 52, no. 12 (1995): 6997–7010.

Lynden-Bell, D. "Galactic Nuclei as Collapsed Old Quasars." *Nature* 223 (1969): 690–94.

——. "Searching for Insight." *Annual Review of Astronomy and Astrophysics* 48 (2010): 1–19.

Lynden-Bell, D., and M. J. Rees. "On Quasars, Dust and the Galactic Centre." *Monthly Notices of the Royal Astronomical Society* 152 (1971): 461.

Minkowski, Hermann. "Raum Und Zeit." *Physicalische Zeitschrift* 10 (1909): 11.

Oppenheimer, J. R., and H. Snyder. "On Continued Gravitational Contraction." *Physical Review* 56 (1939): 455–59.

Penrose, Roger. "Gravitational Collapse: The Role of General Relativity." *Nuovo Cimento Rivista Serie* 1 (1969).

Preskill, J., and D. V. Nanopoulos. "Do Black Holes Destroy Information?" In *Black Holes, Membranes, Wormholes, and Superstrings*, edited by Sunny Kalara, 1993: 22.

Ramesh, Narayan, Rohan Mahadevan, Jonathan E. Grindlay, Robert G. Popham, and Charles Gammie. "Advection-Dominated Accretion Model of Sagittarius A*: Evidence for a Black Hole at the Galactic Center." *Astrophysical Journal* 492, no. 2 (1998): 554.

Sanders, R. H. "The Case Against a Massive Black Hole at the Galactic Centre." *Nature* 359 (1992): 131.

Shakura, N. I., and R. A. Sunyaev. "Black Holes in Binary Systems. Observational Appearance." *Astronomy and Astrophysics* 24 (1973): 337–55.

Stanley, Matthew. " 'An Expedition to Heal the Wounds of War': The 1919 Eclipse and Eddington as Quaker Adventurer." *Isis* 94, no. 1 (2003): 57–89.

論文

Almheiri, Ahmed, Donald Marolf, Joseph Polchinski, and James Sully. “Black Holes: Complementarity or Firewalls?” *Journal of High Energy Physics* 2 (2013).

Balbus, Steven A., and John F. Hawley. “A Powerful Local Shear Instability in Weakly Magnetized Disks. I-Linear Analysis. Ii-Nonlinear Evolution.” *Astrophysical Journal* 376 (1991): 214–33.

Balick, B., and R. L. Brown. “Intense Sub-Arcsecond Structure in the Galactic Center.” *Astrophysical Journal* 194 (1974): 265–70.

Bower, Geoffrey C., Heino Falcke, Robeson M. Herrnstein, Jun-Hui

Zhao, W. M. Goss, and Donald C. Backer. “Detection of the Intrinsic Size of Sagittarius A* through Closure Amplitude Imaging.” *Science* 304 (2004): 704–8.

Broderick, Avery E., and Abraham Loeb. “Imaging Bright-Spots in the Accretion Flow Near the Black Hole Horizon of Sgr A*.” *Monthly Notices of the Royal Astronomical Society* 363 (2005): 353–62.

Doeleman, Sheperd, Eric Agol, Don Backer, Fred Baganoff, Geoffrey C. Bower, Avery Broderick, Andrew Fabian, et al. “Imaging an Event Horizon: submm-VLBI of a Super Massive Black Hole.” In *astro2010: The Astronomy and Astrophysics Decadal Survey*, 2009.

Doeleman, Sheperd S., Jonathan Weintroub, Alan E. E. Rogers, Richard Plambeck, Robert Freund, Remo P. J. Tilanus, Per Friberg, et al. “Event-Horizon- Scale Structure in the Supermassive Black Hole Candidate at the Galactic Centre.” *Nature* 455 (2008): 78–80.

Ekers, R. D., and D. Lynden-Bell. “High Resolution Observations of the Galactic Center at 5 Ghz.” *Astrophysical Letters* 9 (1971): 189.

Falcke, Heino, Fulvio Melia, and Eric Agol. “Viewing the Shadow of the Black Hole at the Galactic Center.” *The Astrophysical Journal* 528 (January 1, 2000): L13-L16.

Finkelstein, David. “Past-Future Asymmetry of the Gravitational Field of a Point Particle.” *Physical Review* 110, no. 4 (1958): 965–67.

Genzel, R., and C. H. Townes. “Physical Conditions, Dynamics, and Mass Distribution in the Center of the Galaxy.” *Annual Review of Astronomy and Astrophysics* 25 (1987): 377–423.

Giddings, Steven B. “Black Holes and Massive Remnants.” *Physical Review D* 46 (1992): 1347–52.

——. “Possible Observational Windows for Quantum Effects from Black Holes.” *Physical Review D* 90 (2014).

Make the World Safe for Quantum Mechanics. New York: Little, Brown and Co., 2008.
レオナルド・サスキンド著, 林田陽子訳『ブラックホール戦争：スティーヴン・ホーキングとの20年越しの闘い』(日経BP社, 2009年)
Taylor, Edwin F., and John Archibald Wheeler. *Exploring Black Holes: Introduction to General Relativity*. San Francisco: Addison Wesley Longman, 2000.
エドウィン・F・テイラー, ジョン・アーチボルド・ホイーラー著, 牧野伸義訳『一般相対性理論入門：ブラックホール探査』(ピアソン・エデュケーション, 2004年)
Templeton, John, and Robert L. Herrmann. *The God Who Would Be Known: Revelations of the Divine in Contemporary Science*. Philadelphia: Templeton Foundation Press, 1998.
Waller, William H. *The Milky Way: An Insider's Guide*. Princeton, NJ: Princeton University Press, 2013.
Weyl, Hermann. *Space, Time, and Matter*. Translated from the German by Henry L. Brose. London: Metheun & Co. Ltd., 1922.
ヘルマン・ワイル著, 内山龍雄訳『空間・時間・物質(上・下)』(筑摩書房, 2007年)
Wheeler, John Archibald, and Kenneth William Ford. *Geons, Black Holes, and Quantum Foam: A Life in Physics*. 1st ed. New York: Norton, 1998.
Whitehead, Alfred North. *Science and the Modern World: Lowell Lectures, 1925*. New York: Macmillan, 1925.
ホワイトヘッド著, 上田泰治・村上至孝訳『ホワイトヘッド著作集　第6巻　科学と近代世界』(松籟社, 1981年)
Yau, Shing-Tung, and Steven J. Nadis. *The Shape of Inner Space: String Theory and the Geometry of the Universe's Hidden Dimensions*. New York: Basic Books, 2010.
シン=トゥン・ヤウ,スティーヴ・ネイディス著, 水谷淳訳『見えざる宇宙のかたち：ひも理論に秘められた次元の幾何学』(岩波書店, 2012年)

Quest for Black Holes. Boston: Houghton Mifflin, 2005.
アーサー・I・ミラー著, 阪本芳久訳『ブラックホールを見つけた男(上・下)』(草思社, 2015年)

Munns, David P. D. A *Single Sky: How an International Community Forged the Science of Radio Astronomy*. Cambridge, MA: MIT Press, 2013.

Musser, George. *Spooky Action at a Distance: The Phenomenon That Reimagines Space and Time—and What It Means for Black Holes, the Big Bang, and Theories of Everything*. 1st ed. New York: Scientific American/Farrar, Straus & Giroux, 2015.
ジョージ・マッサー著, 吉田三知世訳『宇宙の果てまで離れていても、つながっている:量子の非局所性から「空間のない最新宇宙像」へ』(インターシフト, 2019年)

Newton, Isaac. 1642 – 1727, Principia. English: *Sir Isaac Newton's Mathematical Principles of Natural Philosophy and His System of the World*, translated into English by Andrew Motte in 1729. Berkeley, California: University of California Press, 1934.
アイザック・ニュートン著, 中野猿人訳『プリンシピア 自然哲学の数学的原理(第1編〜第3編)』(講談社, 2019年)

Overbye, Dennis. *Lonely Hearts of the Cosmos: The Story of the Scientific Quest for the Secret of the Universe*. Boston: Back Bay Books, 1999.
デニス・オーヴァバイ著, 鳥居祥二・吉田健二・大内達美訳『宇宙はこうして始まりこう終わりを告げる:疾風怒濤の宇宙論研究』(白揚社, 2000年)

Penrose, Roger. *The Road to Reality: A Complete Guide to the Laws of the Universe*. London: Jonathan Cape, 2004.

Russell, Bertrand. *The ABC of Relativity*. London: K. Paul, Trench, Trubner, 1931.
バートランド・ラッセル著, 金子務・佐竹誠也訳『相対性理論の哲学:ラッセル, 相対性理論を語る』(白揚社, 1991年)

Sagan, Carl. *Cosmos*. New York: Ballantine, 2013.
カール・セーガン著, 木村繁訳『COSMOS(上・下)』(朝日新聞出版, 2013年)

Susskind, Leonard. *The Black Hole War: My Battle with Stephen Hawking to*

下)』(工作舎, 1992年)
——. *The Whole Shebang: A State-of-the-Universe(s) Report*. New York: Simon & Schuster, 1997.
Feynman, Richard P. *Six Not-So- Easy Pieces: Einstein's Relativity, Symmetry, and Space-Time*. Reading, MA: Addison-Wesley, 1997.
Galison, Peter, Gerald James Holton, and S. S. Schweber. *Einstein for the 21st Century: His Legacy in Science, Art, and Modern Culture*. Princeton, NJ: Princeton University Press, 2008.
Guth, Alan H. *The Inflationary Universe: The Quest for a New Theory of Cosmic Origins*. Reading, MA: Addison-Wesley, 1997.
アラン・H・グース 著, はやしはじめ・はやしまさる訳『なぜビッグバンは起こったか:インフレーション理論が解明した宇宙の起源』(早川書房, 1999年)
Hawking, Stephen, and W. Israel. *Three Hundred Years of Gravitation*. Cambridge and New York: Cambridge University Press, 1987.
Isaacson, Walter. *Einstein: His Life and His Universe*. New York: Simon & Schuster, 2008.
Koestler, Arthur. *The Sleepwalkers: A History of Man's Changing Vision of the Universe*. London and New York: Arkana, 1959.
Léna, Pierre, and Laurent Mugnier. *Observational Astrophysics*. Astronomy and Astrophysics Library. 3rd ed. Heidelberg and New York: Springer, 2012.
Luminet, Jean-Pierre. *Black Holes*. Cambridge and New York: Cambridge University Press, 1992.
Maudlin, Tim. *Philosophy of Physics: Space and Time*. Princeton Foundations of Contemporary Philosophy. Princeton, NJ: Princeton University Press, 2012.
Melia, Fulvio. *Cracking the Einstein Code: Relativity and the Birth of Black Hole Physics*. Chicago: University of Chicago Press, 2009.
——. *The Galactic Supermassive Black Hole*. Princeton, NJ: Princeton University Press, 2007.
Miller, Arthur I. *Empire of the Stars: Obsession, Friendship, and Betrayal in the*

参考文献

書籍

Barrow, John D. *Cosmic Imagery: Key Images in the History of Science*. 1st Amer. ed. New York: Norton, 2008.
ジョン・D・バロウ著, 桃井緑美子訳『コズミック・イメージ』(青土社, 2010年)

Begelman, Mitchell C., and Martin J. Rees. *Gravity's Fatal Attraction: Black Holes in the Universe*. Scientific American Library Series. New York: Scientific American Library, 1996. Distributed by W. H. Freeman.

Bohm, David. *Wholeness and the Implicate Order*. London and Boston: Routledge & Kegan Paul, 1981.
D・ボーム著, 井上忠・伊藤笏康・佐野正博訳『全体性と内蔵秩序』(青土社, 2005年)

Davis, Joel. *Journey to the Center of Our Galaxy: A Voyage in Space and Time*. Chicago: Contemporary Books, 1991.

Eddington, Arthur Stanley. *Science and the Unseen World*. Swarthmore Lecture. New York: Macmillan, 1929.

——. *Space, Time and Gravitation: An Outline of the General Relativity Theory*. Cambridge, UK: University Press, 1920.

Einstein, Albert. *The Collected Papers of Albert Einstein*. Vol. 9, *The Berlin Years: Correspondence, January 1919–April 1920*. Translated by Ann Hentschel. Princeton, NJ: Princeton University Press, 2004.

Ferreira, Pedro G. *The Perfect Theory: A Century of Geniuses and the Battle over General Relativity*. Boston: Houghton Mifflin Harcourt, 2014.
ペドロ・G・フェレイラ著, 高橋則明訳『パーフェクト・セオリー:一般相対性理論に挑む天才たちの100年』(NHK出版, 2014年)

Ferris, Timothy. *Coming of Age in the Milky Way*. 1st ed. New York: Morrow, 1988.
ティモシー・フェリス著, 野本陽代訳『銀河の時代:宇宙論博物誌(上・

ブルース・バリックとボブ・ブラウン

アメリカの電波物理学者。1974年に、後にいて座A*と呼ばれることになる天体を初めて確認した。

ハイノ・ファルケ

ドイツの天体物理学者。当時はボンのマックス・プランク電波天文学研究所に在籍。

リンディ・ブラックバーン

ＥＨＴに参加した若手研究者の一人で、ＬＩＧＯから来た天体物理学者。

ルリク・プリミアニ

ＳＭＡの技術者で、2008年来のＥＨＴ協力者。

マイク・ヘクト

ＡＬＭＡ開設プロジェクトの一人で、ヘイスタック観測所副所長。

スティーブン・ホーキング

ケンブリッジ大学の物理学者。1974年にブラックホールは情報を破壊するはずだと気づき、ブラックホールの「情報パラドックス」を唱えた。

ジョゼフ・ポルチンスキ

カリフォルニア大学サンタバーバラ校の理論物理学者で、ブラックホールの「ファイアウォール問題」を提起したチームを率いた。

ダン・マローン

アリゾナ大学の天体物理学者だが、研究拠点は南極のＳＰＴ。

ドナルド・リンデンベル

イギリスの天体物理学者。1960年代後半に、ほとんどの渦巻銀河の中心にはブラックホールがあることを理論的に導いた。

アラン・ロジャース

ヘイスタック観測所の研究者で電波天文学のパイオニア。シェップの博士論文を指導した。

ジョナサン・ワイントラウブ

南アフリカの電気技師から転身したＣｆＡの天文学者。

本書の主な登場人物

ロン・イーカーズ
オーストラリアの電波天文学者。リンデンベルと共に、天の川銀河の中心にあるブラックホールの探索に携わった。

スティーブ・ギディングス
カリフォルニア大学サンタバーバラ校の理論物理学者。ＥＨＴでブラックホールの「事象の地平」における量子揺らぎを観測しようと提案した。

ジェフ・クルー
ＡＬＭＡ開設プロジェクトの一人で、ヘイスタック観測所研究員。

ダビド・サンチェス
ＬＭＴのオペレータ。

マイケル・ジョンソン
カリフォルニア大学サンタバーバラ校から来た天体物理学者。ＥＨＴに参加した若手研究者の一人。

シェパード（シェップ）・ドールマン
本書の中心人物。当初はヘイスタック観測所の大学院生、後にＥＨＴディレクターとなる。

ゴパル・ナラヤナン
マサチューセッツ大学アムハースト校の天文学者で、ＬＭＴのレシーバーを作った人物。

ローラ・バータチチ
電気技師で、レーザーとＦＰＧＡの専門家。ＥＨＴに参加した若手研究者の一人。

ケイティ・バウマン
ＭＩＴ出身でコンピュータによる画像作成の専門家。アルゴリズムＣＨＩＲＰの開発者。ＥＨＴに参加した若手研究者の一人。

3）研究機関等

ＳＡＯ　Smithsonian Astrophysical Observatory

スミソニアン天体物理観測所。ハワイにあるＳＭＡを運用する研究機関。

ＣｆＡ　Harvard-Smithsonian Center for Astrophysics

ハーバード・スミソニアン天体物理学センター。ＳＡＯを統括している。

ＮＳＦ　The National Science Foundation

全米科学財団。アメリカの政府機関で、医学以外の科学的研究に資金を提供している。

ＡＳＩＡＡ　Academia Sinica Institute of Astronomy and Astrophysics

台湾の中央研究院天文及天文物理研究所。ハワイにあるＪＣＭＴを運用している。

ＭＳＩＰ　Mid-Scale Innovations Program

中規模イノベーション・プログラム。天文学関係の研究に資金を提供するプログラムでＮＳＦの傘下にある。

って予言されていた「重力波」の検出に2016年に世界で初めて成功した。

CLEAN

電波望遠鏡で集めたデータを解析して画像にするアルゴリズム。

CHIRP　Continuous High-resolution Image Reconstruction using Patch priors

ケイティ・バウマンの開発した画像作成アルゴリズムで、「パッチ・プライアーを用いた連続的高解像度画像再構築」の略。巨大ブラックホールの観測に使われた。

UT　Universal Time

ユニバーサル・タイム。天体観測の時刻をすり合わせるために使う標準時。天体に対する地球の回転速度（少しずつすれる）を補正している。なお一般には「世界標準時」をさす。

2）天体

いて座A*（Aスター）

天の川銀河の中心にある巨大ブラックホールで、太陽の400万倍の質量をもつと考えられている。

M87（メシエ87）

おとめ座星雲にある楕円銀河。その中心にあると考えられる巨大ブラックホール（質量は太陽の35億倍以上）をさすこともある。おとめ座Aとも。

3C279

EHTの観測でしばしば標準光源として用いられるクェーサー（準恒星状天体）。

3C273

初めて光学同定されたクェーサー。

G2

ガスの巨大な雲と考えられる物体で、天の川銀河の中心にあるブラックホールによっていずれ引き裂かれるものと予想されていたが、実際にはそうならなかった。巨大な恒星とも考えられている。

ＬＭＴ　Large Millimeter Telescope
大型ミリ波望遠鏡。メキシコのプエブラ州にあるシエラネグラの山頂に設置された口径50メートルの電波望遠鏡。
ＳＰＴ　South Pole Telescope
南極点望遠鏡。南極点に設置された望遠鏡。
ＪＣＭＴ　James Clerk Maxwell Telescope
ジェームズ・クラーク・マックスウェル望遠鏡。マウナケア（ハワイ）の山頂にあり、ＳＭＡの少し上に位置する。
ＣＳＯ　Caltech Submillimeter Observatory
カリフォルニア工科大学サブミリ波観測所。マウナケア（ハワイ）の山頂にあったが、2015年に閉鎖された。
ＩＲＡＭ30ｍ　Institut de RadioAstronomie Millimetrique 30-meter telescope
フランスのミリ波電波天文学研究所が運用する口径30メートルの望遠鏡で、スペインのピコベレタにある。
ＰＤＢＩ　Plateau De Bure Interferometer
６台の口径15メートルの電波望遠鏡で構成される干渉計で、フランスのビュール高地（アルプス山脈の一部で標高2520メートル）にある。

ＶＬＢＡ　Very Long Baseline Array
超長基線望遠鏡群。米国内の10か所にある電波望遠鏡を結ぶ常設ネットワーク。ハワイ、カリフォルニア、ワシントン、アリゾナ、ニューメキシコ（２か所）、テキサス、アイオワ、ニューハンプシャー、そして米領バージン諸島にある。

ＬＯＦＡＲ　Low-Frequency Array
低周波望遠鏡群。多数の小型電波望遠鏡を集めた施設で、宇宙誕生直後の暗黒時代に放たれた低周波の電波などを観測している。オランダにある。

ＦＰＧＡ　Field-Programmable Gate Array
フィールド・プログラマブル・ゲートアレー。ユーザーがプログラムを書き替えられる集積回路。

ＬＩＧＯ　Laser Interferometer Gravitational-wave Observatory
レーザー干渉計重力波観測所。アインシュタインの一般相対性理論によ

本書に登場する主な略語

1）望遠鏡とその仲間たち

ＶＬＢＩ　Very Long Baseline Interferometry

超長基線干渉計。地理的に離れた場所にある２台以上の電波望遠鏡を使って同時に天体などを観測し、そのデータをスーパーコンピュータで解析して合体させ、実質的に１台の巨大な望遠鏡として使用する技法。非常に高い解像度（分解能）を得られる。

ＥＨＴ　Event Horizon Telescope

事象の地平望遠鏡。異なる大陸に設置した電波望遠鏡をつないで地球規模のＶＬＢＩを構築するプロジェクト。天の川銀河の中心にある巨大ブラックホールなどを観測し、その姿をとらえることを目的とする。ＥＨＴには以下の観測所が参加している。

ＳＭＡ　SubMillimeter Array

サブミリ波望遠鏡群。マウナケア（ハワイ）の山頂にあり、８台の６メートル電波望遠鏡で構成される。

ＳＭＴ　SubMillimeter Telescope

サブミリ波望遠鏡。アリゾナ州マウントグラハムにあり、ＳＭＴＯ（サブミリ波望遠鏡観測所）と呼ばれることもある。

ＣＡＲＭＡ　Combined Array for Research in Millimeter-wave Astronomy

ミリ波天文学研究望遠鏡群。カリフォルニアの高地にあり、23台の電波望遠鏡で構成された干渉計（2015年に運用終了）。

ＡＬＭＡ　Atacama Large Millimeter Array

アタカマ大型ミリ波サブミリ波望遠鏡群。チリ北部のアタカマ高地にあり、66台の可動式望遠鏡で構成される大規模な干渉計。

ＡＰＥＸ　Atacama Pathfinder Experiment

アタカマ・パスファインダー実験所。ＡＬＭＡの少し上にある電波望遠鏡。

ファイアウォール論　2012年に故ジョゼフ・ポルチンスキらが提唱した仮説で、ブラックホールの事象の地平は空っぽの空間ではなく、そこに落ちてきたものすべてを焼き尽くす炎の壁だと考える。

フェーズ・アップ　複数の電波望遠鏡で得た信号の位相を合わせること。

ブラックホール　宇宙空間にあって、その巨大な重力（質量）によって周辺の物質を呑み込み、絶対に逃がさない領域。銀河の中心にあるものが巨大ブラックホールと呼ばれる。

ブラックホールの情報パラドックス
　すべての物質と情報を呑み込むブラックホールも常に「ホーキング放射」を放出しており、やがては完全に蒸発し、その中身に関する情報は永遠に失われるはずだが、そうなると「情報は破壊されない」という量子力学の大前提が覆されるという矛盾。

ブラックホールの相補性　外にいる観察者から見ると、ブラックホールに落ちていく人は事象の地平でぺしゃんこにつぶれるように見え、かつその人の情報はホログラフィー原理によってブラックホールの外側に保存される（ただし落ちていく本人は痛みも何も感じない）とする仮説。

フリンジ　ＶＬＢＩ観測の用語で、複数の電波望遠鏡で集めた信号に相関処理を施した際に見つかる干渉縞。これがあれば観測は成功だったと推定できる。

ホログラフィー原理　ブラックホールに呑み込まれた三次元の物質の情報はすべて、事象の地平のすぐ外側で二次元的に（ホログラムのように）保存されるとする仮説。

ムーアの法則　インテルの創業者ゴードン・ムーアが1965年に提唱した法則で、半導体の集積率（集積回路の性能）は１年で２倍になるという予測。過去10年間の実績にもとづく経験則。パソコン性能の飛躍的な向上と低価格化を予言したものとされる。

無毛定理《ノーヘア》　ブラックホールは質量と角運動量、電荷のみの物理量によって決まり、したがって（髪の毛が１本もない頭と同様）外見上の区別はできないとする仮説。広く受け入れられているが、証明はされていない。

量子もつれ（量子のもつれ）　量子力学の世界で、２つの粒子が不可分につながっている状態。どんなに距離が離れても、もつれが解消されることはない。

量子力学　原子よりも小さな素粒子レベルの現象を記述する物理学の理論。

基本的な用語

一般相対性理論　アインシュタインの唱えた重力の理論。宇宙を四次元の時空として捉え、時空のゆがみこそ重力の正体だと見抜いた。

干渉法　電波天文学では、地理的に異なる場所にある複数の電波望遠鏡で集めた信号を合成し、観測の精度（解像度）を上げる技法。

基線　干渉計として用いる２つの電波望遠鏡を隔てる距離。ＥＨＴのように何千キロメートルもある基線は超長基線（ＶＬＢ）と呼ばれる。

クェーサー　準恒星状電波源の略。宇宙の彼方で最も明るく輝いている天体。活動銀河中心核の一種と考えられている。

サブミリ波　宇宙から飛んでくる電波のうち、最も周波数が高い（波長が短い）もの。波長が1〜0.1ミリメートルの電波。赤外線はこれよりも波長が短く、可視光線の波長はさらに短い。

時空　三次元の空間と時間の流れを合体させた数学的な連続体。

時空のゆがみ　アインシュタインの一般相対性理論によれば、質量（したがってエネルギー）は時空をゆがませる。物体はこのゆがみに沿って動くしかない。そのとき私たちが感じるのが重力だ。

事象の地平　ブラックホールの境界面。これを突き抜けてブラックホールに落ちたものは絶対に逃げ出せない。

重力波　ブラックホールの合体といった衝撃的な事態によってもたらされる時空のゆがみ（重力）を周囲に伝播する波。

水素メーザー原子時計　水素原子を用い、共鳴周波数を活用して1秒を決めるもの。通常は、セシウム原子時計と組み合わせて用いる。

相対性原理　相対的に同じ速度で動いている２人の観測者に対して運動の法則は同じ形をとるというガリレオの唱えた原理。現代ふうに言えば「すべての慣性座標系において物理学の法則は同じ形をとる」となる。

タウ　大気の状態が電波望遠鏡による観測に適しているかどうかを測る尺度。透明度といってもよい。

電波天文学　天文学の一分野で、可視光線よりも波長の長い電磁波（光）をパラボラアンテナで集めて天体を観測する。

特異点　「ゼロで割る」のように定義不能な点。ブラックホールの中心にある特異点では既存の物理学の法則が通用しないとされる。

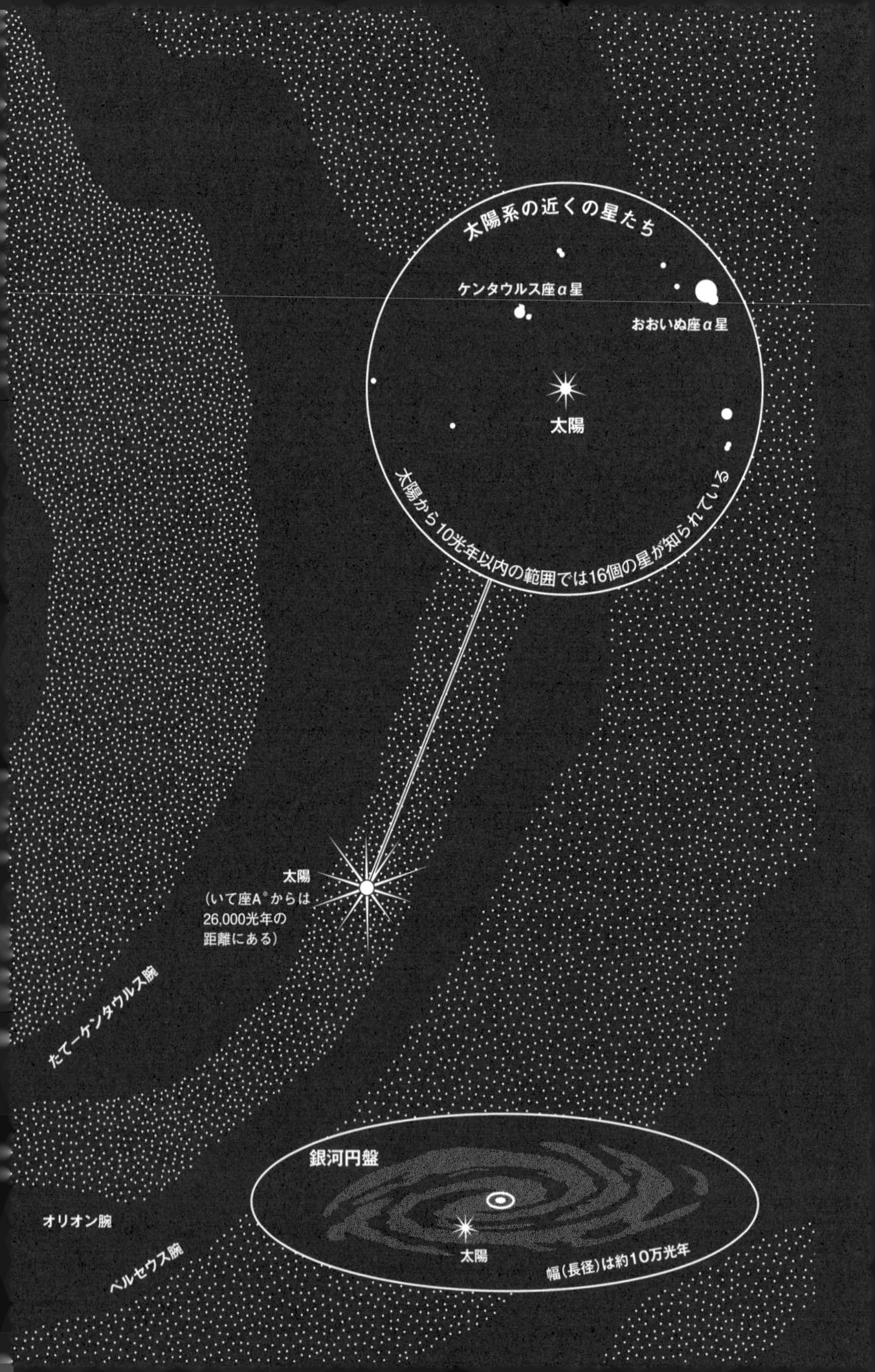
太陽系の近くの星たち
ケンタウルス座α星
おおいぬ座α星
太陽
太陽から10光年以内の範囲では16個の星が知られている
太陽
(いて座A*からは
26,000光年の
距離にある)
たて—ケンタウルス腕
銀河円盤
太陽
幅(長径)は約10万光年
オリオン腕
ペルセウス腕

天の川銀河と巨大ブラックホール（いて座A*）、そして太陽

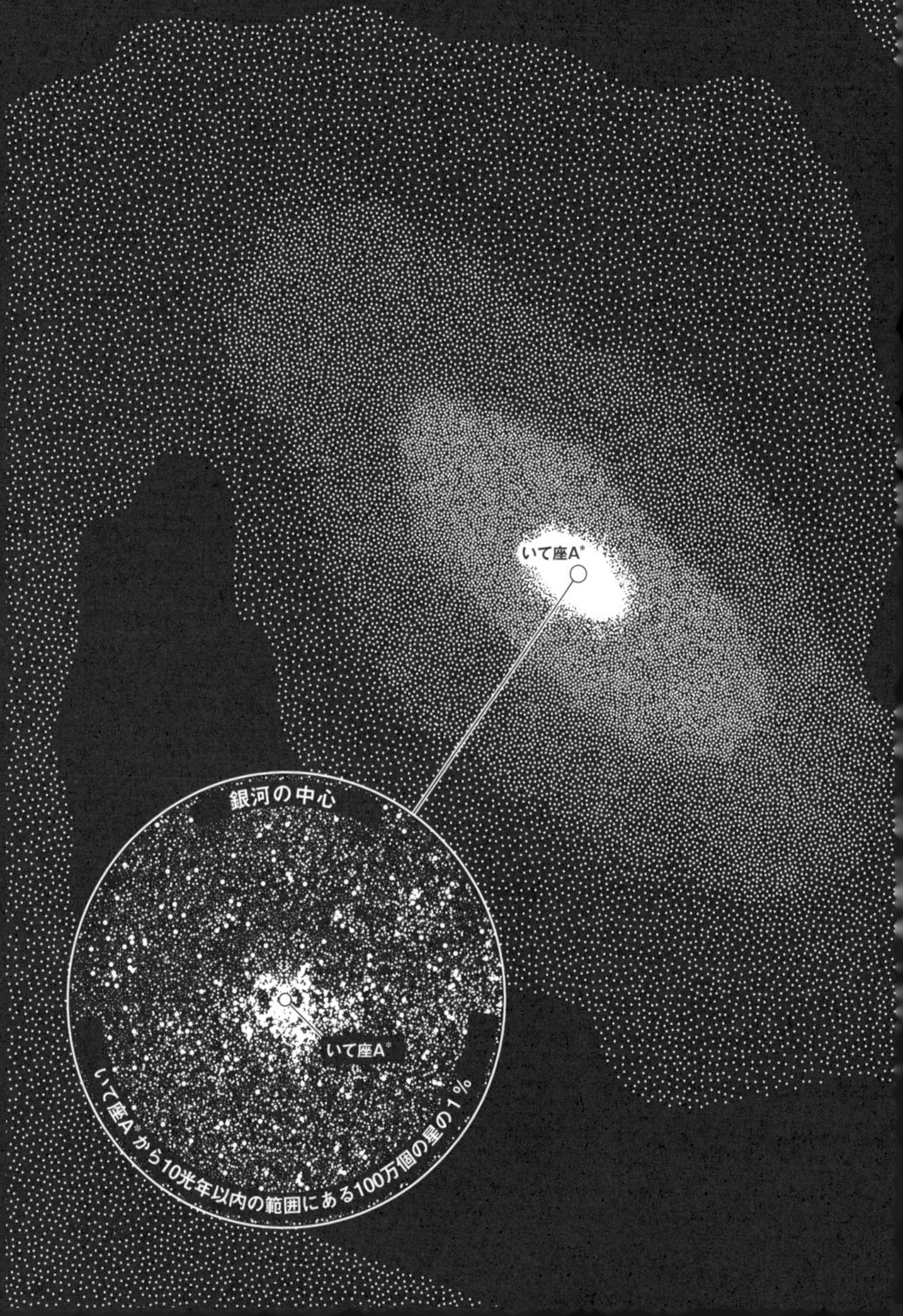

銀河マップについて

私たちの銀河（天の川）についても、まだわからないことが多い。その渦状腕はどんな構造で、正確にはどこに位置しているのか。渦のなかに見える棒状の部分にはどれだけの星やガスが含まれるのか。そして銀河の中心はどうなっているのか。ここに掲載した天の川銀河のマップは、2019年時点で最も確かな情報を反映したものだ。スピッツァー宇宙望遠鏡から送られてきた赤外線写真のデータをもとに天文学者のロバート・ハートが2008年に作成した原画に、最新の知見を加えて修正してある。染みのように見えるパターンは、天の川銀河の渦状腕の形をできるかぎり忠実に再現したもの。また私たちの太陽から10光年以内の範囲には16個の星があるが、いて座A*（銀河の中心にある巨大ブラックホール）から10光年以内の範囲には実に100万個ほどの星が群がっている。このマップでは、その星たちの１％を１万個の点で表現している。

セス・フレッチャー（Seth Fletcher）

Scientific American 誌特集担当編集長。著書に、*Bottled Lightning : Superbatteries, Electric Cars, and the New Lithium Economy*（2011）がある。妻と娘とともに、ニューヨーク州ロウアー・ハドソン・ヴァレー在住。

渡部潤一（わたなべ・じゅんいち）

1960年福島県生まれ。天文学者。専門は太陽系天文学。理学博士。国立天文台副台長・教授、総合研究大学院大学教授、国際天文学連合副会長。国際天文学連合では、「惑星定義委員会」委員として準惑星というカテゴリーをつくり、冥王星を準惑星としたメンバーのひとり。研究のかたわら最新の天文学の成果を講演、執筆などを通してやさしく伝え、幅広く活躍している。著書に、『第二の地球が見つかる日』、『最新 惑星入門』（共著）、『夜空からはじまる天文学入門』、『新しい太陽系』ほか多数。

沢田博（さわだ・ひろし）

1952年東京都生まれ。「ニューズウィーク日本版」編集顧問。「図書新聞」、「ニューズウィーク日本版」、「エスクァイア日本版」の各編集長を歴任。編著書に『「ニューズウィーク」で読む日本経済』、『ジャーナリズム翻訳入門』など。訳書に、ニッセンバウム『引き裂かれた道路　エルサレムの「神の道」で起きた本当のこと』、タリーズ『名もなき人々の街』『有名と無名』、グッドソン『アフガニスタン――終わりなき争乱の国』ほか多数。

アインシュタインの影
ブラックホール撮影成功までの記録

第１刷発行　2020年4月30日

著　者　　　セス・フレッチャー
訳　者　　　沢田 博
日本語版監修　渡部潤一
発行者　　　株式会社三省堂
　　　　　　代表者　北口克彦
印刷者　　　三省堂印刷株式会社
発行所　　　株式会社三省堂
　　　　　　〒101-8371 東京都千代田区神田三崎町二丁目22番14号
　　　　　　電話　編集(03)3230-9411　営業(03)3230-9412
　　　　　　https://www.sanseido.co.jp/
装　幀　　　岡 孝治＋森 繭
D T P　　　原島康晴（エディマン）

落丁本・乱丁本はお取り替えいたします。

Printed in Japan
ISBN978-4-385-36099-7
〈アインシュタインの影・320pp.〉